零失敗 超可愛 **造型甜點**

4種餅乾麵團 4種基礎糕體

輕鬆學會動物、花朵、節慶婚禮小物等造型，
一整年嘗到療癒好滋味！

宋淑娟（Jane）著

作者序／

造型甜點～
讓烘焙生活變得更有趣

　　「Jane，我們來規劃一本具有造型的餅乾蛋糕書如何？」接到出版社的邀約，心情悸動不已。完成第一本《餅乾小禮盒》的餅乾專屬書籍後要再衝刺下一階段了嗎？興奮的情緒加上不停湧入可以如何呈現書籍的想法之下，立刻答應這個盛情的邀約。

　　說出「I do 我願意」後，心中開始激盪著各種組合，想著以「造型」為主軸，分為「餅乾」及「蛋糕」兩大單元。簡單的奶油、糖、鹽、蛋組合的「基礎餅乾麵團」，變化出不同可愛的造型，根據時下社群網站最受歡迎且討喜的餅乾品項搭配上有趣的命名：焦糖漩渦、蘑菇奇緣、肉桂毛貓、衣服找鈕扣、珠寶盒、咖啡蕾絲……，設計出許多有趣的餅乾品項，一邊烘烤一邊編寫的當下，自己渾然陶醉其中。

「蛋糕」篇幅中有簡單的小造型，也有稍微多些工序的造型糕點，只要融入小巧思也可以讓蛋糕更具造型且生動活潑的「貓頭鷹巧克力橙皮瑪德蓮」，適合婚禮小物的「法式婚禮檸檬瑪德蓮」，可愛爆棚的「粉紅豬甜甜圈蛋糕」，仿真的「蘋果奇想蛋糕」、「炎夏最愛吃西瓜」，趣味性高和利用鬆軟戚風蛋糕打造出逗趣場景的「胖熊森林享樂」，蛋殼烤戚風蛋糕搖身變成卡哇伊的「刺蝟」，還有時尚感十足的「多彩馬卡龍蛋糕捲」，以及驚豔稱奇的「可可奧利奧毛帽蛋糕」用蛋糕造型出帽子感受過癮的經驗……。

　　烘焙出好吃的餅乾和蛋糕，對烘焙者來說是基本又療癒的，這本書也不例外。每一道配方比例的完整，除了造型生動之外，成品的風味更是多變化。每一款點心以詳細的步驟圖加上文字解說，希望喜歡烘焙的朋友們，甚至第一次接觸烘焙的新手都可以輕鬆學會。

　　在此特別感謝編輯部的主編「燕子」，時時刻刻給予最專業的建議，耐心又有愛心協助書籍編排及任何過程中的小細節，惠我良多。寫一本書好比生一次孩子，沒有嘗試過寫書者，真的無法體會。這本書是我第二個書孩子，從雛型、規劃、討論、修正、執行、校稿、試閱、定案，完全是用生命在達成這項工作。最終的追求就是要讓讀者們，藉由這本書的內容得到更多的烘焙樂趣，同時帶給親朋好友們最美味的甜點。

　　如同籌備第一本書時的心得，出版是另外一個專業的領域，很開心能夠與橘子文化團隊的同仁合作。從編輯、美編到行銷業務團隊，每個環節的緊密配合、嚴謹的工作態度，能夠參與其中，備感榮幸！

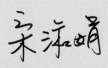

目錄
Contents

作者序——002

編輯室報告——006

本書使用說明——007

Chapter 1
基礎烘焙教室

需要準備的器具材料——010

器具類——010

材料類——012

學會巧克力的融化方法——016

非調溫巧克力——016

簡易調溫巧克力——017

Chapter 2
可愛造型餅乾

A 奶油糖蛋黃類——020

醇香化口

檸檬糖霜手指餅乾——021

漢堡餅乾——024

熊熊生巧克力夾心餅乾——028

奶油花朵餅乾——032

焦糖漩渦餅乾——035

B 奶油糖全蛋類——038

奶蛋香足

可愛鯨魚杯掛餅乾——039

蘑菇奇緣餅乾——042

肉桂毛貓餅乾——046

熊寶貝燕麥餅乾——050

衣服找鈕釦餅乾——054

愛心珠寶盒餅乾——058

荷包蛋吐司餅乾——062

萬聖節搞怪手指餅乾——065

C 奶油糖類——068

酥鬆奶香

焦糖牛奶冰淇淋餅乾——069

伯爵茶包酥餅——072

牛寶寶餅乾——76

咖啡蕾絲酥餅——080

兔寶寶甘納許夾心餅乾——084

D 蛋白糖類——090

外脆內軟

聖誕花圈餅乾——091

達克雪人餅——094

椰子蛋白霜餅乾棒——098

萬聖節鬼鬼蛋白霜酥餅——102

Chapter 3
超萌造型蛋糕

A 瑪德蓮 & 費南雪 —— 108
綿密紮實
咖啡櫻花煙捲費南雪 —— 109
貓頭鷹巧克力橙皮瑪德蓮 —— 112
法式婚禮檸檬瑪德蓮 —— 116
開心果肉球費南雪 —— 122

B 重奶油蛋糕 —— 126
濕潤濃郁
花園老奶奶檸檬蛋糕 —— 127
愛心紅絲絨蛋糕 —— 132
愛爸爸柳橙巧克力蛋糕 —— 136

C 海綿蛋糕 —— 140
柔軟細緻
巧克力摩卡鼠來寶蛋糕 —— 141
蘋果奇想蛋糕 —— 144
可可奧利奧毛帽蛋糕 —— 152
粉紅豬甜甜圈蛋糕 —— 160
維多利亞海綿蛋糕 —— 165

D 戚風蛋糕 —— 166
蓬鬆綿滑
燙麵戚風鮮奶油草莓寶盒 —— 171
濃情蜜意熊熊巧克力 —— 176
多彩馬卡龍蛋糕捲 —— 184
香草巧克力旺旺狗 —— 192
炎夏最愛吃西瓜 —— 196
刺蝟蛋糕遨遊海灘 —— 202
胖熊森林享樂 —— 207

編·輯·室·報·告

提醒 1：粉類與糖先過篩

台灣天氣潮濕，粉類及糖粉放久了容易結塊，拌入餅乾麵糊前可先過篩，除了更容易拌勻之外，也比較不會影響餅乾或糕體質地。

提醒 2：烤箱預熱方式

為了使製作的甜點在同一溫度下進行烘烤，烤箱預熱的步驟是必要的。通常在烘烤前 15～20 分鐘預熱烤箱，但每台烤箱性能與廠牌的不同，其加熱方式與速度也有所差異，此時間當參考值。

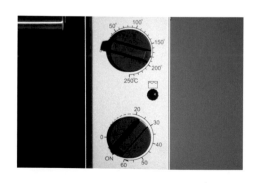

提醒 3：餅乾麵團冷藏與冷凍

麵團依後續製作需求置入冰箱冷藏或冷凍的時間略有差異，以下依書中產品舉例說明。需要擀開或壓模的餅乾麵團都需要冷凍一段時間，在整型時較易操作，例如：熊熊生巧克力夾心餅乾。在等待烤箱預熱的同時，讓麵團冷凍也是希望靜置後烘烤不易變形，例如：咖啡蕾絲酥餅。麵團剛完成很柔軟不好塑型，所以需要冷藏讓麵團靜置；若冷凍則麵團變硬了，將更不易塑型，例如：蘑菇奇緣餅乾。

提醒 4：密封保存為基本要件

當天吃不完的餅乾，可放入密封罐或密封盒保存約 3～7 天，避免返潮。蛋糕也可密封後，依產品型態放室溫保存 3～5 天，或冷藏 5～7 天，食用時室溫下回溫再品嘗，其賞味期取決於所在地的氣候溫度，此為參考值。

·本書使用說明·

1 這道甜點的中英文名稱。

2 清楚標示最佳賞味期限和製作完成的數量。

3 作者製作這道甜點的靈感來源或有趣故事。

4 材料一覽表，確實秤量是製作成功的基礎。

5 這道甜點所屬單元與類別。

6 操作前先基本準備，就不會手忙腳亂。例如：奶油放室溫軟化、預熱烤箱等。

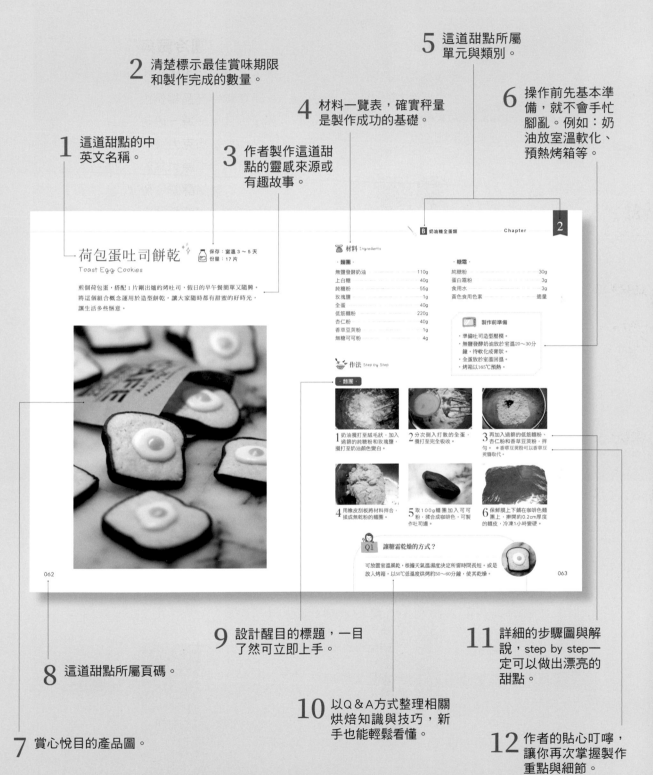

7 賞心悅目的產品圖。

8 這道甜點所屬頁碼。

9 設計醒目的標題，一目了然可立即上手。

10 以Q&A方式整理相關烘焙知識與技巧，新手也能輕鬆看懂。

11 詳細的步驟圖與解說，step by step一定可以做出漂亮的甜點。

12 作者的貼心叮嚀，讓你再次掌握製作重點與細節。

開始動作做甜蜜餅乾、蛋糕之前，

面對琳瑯滿目的器具材料，肯定會眼花撩亂。

不清楚器具如何挑選、不了解材料的風味與用途……

本篇帶領大家認識書中所使用的器材，

以及常用來裝飾點心與夾心的巧克力融化方法，

讓你安心手作美味又超可愛的造型甜點！

Chapter

1

基礎烘焙教室

需要準備的器具材料

製作造型甜點前,需要先認識及妥善準備如下器具材料,所謂「工欲善其事,必先利其器」,才有機會發揮最大效能,並做出賞心悅目又美味的點心。

器具類

電子秤
數字顯示重量,以1g或小數點下2位數為單位。將盛裝容器放於電子秤上方,按下歸零鍵後,就可以開始秤量食材,方便又精確的測量儀器。

紅外線溫度計
紅外線測溫儀,採用非接觸紅外傳感技術,對目標物進行安全、準確、快速的測量。

計時器
烘焙時可設定烘烤時間的最佳幫手,具提醒功能,避免把點心烤焦了。

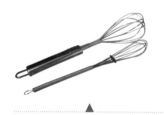

量匙
秤取配方中需要較少量的食材。

電動攪拌器
手持型攪拌器,方便打發奶蛋糊、蛋糊、蛋白霜等,速度比較快。

打蛋器
宜挑選不鏽鋼材質,用來打發奶油糊或攪拌濕性材料的拌合。

鋼盆
圓弧型底的攪拌容器,方便拌合食材,挑選不鏽鋼及玻璃材質皆可。

厚底單柄鍋
可裝盛奶油或配方中需要加熱的食材,進行烹煮過程;選擇厚底,食材較不容易煮焦。

橡皮刮刀
分耐熱或一般材質,可協助材料拌合的最佳器具。

橡皮刮板

協助材料拌合及刮盆功能,非常方便的器具。

擀麵棍

分一般及排氣擀麵棍,多用於壓模型餅乾麵團的整型擀製。

篩網

需要過篩粉類時使用,比如低筋麵粉、純糖粉、泡打粉等。

刨刀

刨磨檸檬皮或柳橙皮屑所使用的器具。

工具尺

輔助麵團成型、厚度一致性使用的最佳幫手。

擠花嘴、擠花袋

擠花袋方便擠花餅乾麵團擠製,分別有可重複使用及一次性的擠花袋。擠花嘴型式眾多,可依據個人喜好使用。

烘焙紙

用於鋪在烤盤或烤模內,防止烤好的點心沾黏,並且容易脫模。

保鮮膜

包覆麵團使用,防止需鬆弛的麵團風乾。

7吋戚風蛋糕中空模

鋁合金材質,蛋糕在中空戚風烤模中爬升的速度較快,其烘烤時間較實心蛋糕模短。

4吋圓形蛋糕模
6吋半圓形蛋糕模

防沾材質,有尺寸之分,可方便裝盛欲烘烤麵糊所使用的模具。

長方形蛋糕模

鋁合金材質及防沾材質,通常做為重奶油蛋糕烘烤所使用的模具。

多連模

造型多連模可方便烘烤出理想中的蛋糕形體。

造型餅乾壓模

有各種造型,餅乾壓模材質分成不銹鋼、鋁合金或是塑膠材質,使用後清潔風乾即可儲放。壓模使用在餅乾麵團的壓製,不需要連同壓模一起烘烤。

材料類

全蛋

全蛋是很好的黏合劑,尤其是在蛋糕、餅乾和其他烘焙食品中廣泛使用。全蛋在加熱時會變硬和凝固,為甜點和餅乾提供重要的結構支撐。

蛋白

使用蛋白的配方,可達到酥脆口感的追求。另外單以蛋白、糖運用的巧妙性,也可以產生外酥內軟的產品。每顆蛋白的重量大約37.5g。

蛋黃

蛋黃的脂肪含量和乳化能力,可提升餅乾的風味。蛋黃具有將液體和脂肪結合在一起的作用,防止分離,脂肪賦予烘焙產品較佳的化口性。

無鹽發酵奶油

由牛奶提煉而成的天然油脂,製作西點時多使用無鹽奶油為主,融點低,需冷藏保存。發酵奶油則多了乳酸香味。

細砂糖

又稱白砂糖，是食用糖中最主要的品種，也是烘焙產品中最常使用的糖。

三溫糖

以甘蔗為原料，通過生產白砂糖時的副產品，也是市場上主要的紅糖產品。主要成分是蔗糖，使用於烘焙產品，可以增加風味及香氣。

糖粉

分為一般糖粉和純糖粉，純糖粉必須以網篩過篩後使用。一般糖粉為潔白的粉末狀，含少量的玉米澱粉，可防止糖糾結。

鹽

本書中多使用玫瑰鹽，烘焙點心中添加少許鹽可以綜合甜度，讓甜點吃起來不甜膩。

香草豆莢醬

以天然香草材料製成，具有天然的香草香味，烘焙後香草味依然持久濃醇。

低筋麵粉

製作餅乾和蛋糕的主要麵粉，容易吸收空氣中的濕氣而結顆粒，使用前必須過篩。

中筋麵粉

適合做包子、饅頭、黑糖糕、甜甜圈等食物，也適合做餅乾，許多美式餅乾常用中筋麵粉製作。

無鋁泡打粉

又稱為發泡粉和發酵粉，泡打粉是一種複合膨鬆劑，主要做為烘焙產品的快速疏鬆劑。通常用於烘烤蛋糕、餅乾。

馬鈴薯粉

採用整顆馬鈴薯製作而成，將去皮的馬鈴薯蒸熟後，滾壓成泥再脫去水分，製作成細粉狀後裝袋保存。

奶粉
經常使用於餅乾或麵包產品，可增加風味。

蛋白霜粉
應用範圍廣泛，可以用來製作餅乾的糖霜裝飾。

玉米澱粉
又稱玉米粉，是從玉米粒提煉出的澱粉，具有凝膠的特性，除了用在布丁、卡士達醬製作外，添加於餅乾麵團，可改善組織，使口感酥鬆綿細。

杏仁粉
整粒杏仁豆研磨而成，經常使用於餅乾和蛋糕中，豐富口感和風味。

杏仁片
作用與杏仁粉相同，但形狀以片狀呈現，讓烘焙產品帶有不同的口感。適合做為切片餅乾麵團使用的材料。

杏仁豆
甜點產品經常使用的堅果材料，含豐富油脂。

無糖可可粉
內含可可脂，不含糖帶有苦味，使用於甜點中的調味。容易結塊，使用前必須先過篩。

抹茶粉
抹茶粉含兒茶素，為受歡迎的健康食材，添加在甜點中，能增加色澤及風味。本書產品採用日系抹茶粉製作。

覆盆子粉
新鮮覆盆子低溫乾燥脫水製成，保有天然果子的風味，開封後請密封保存，才能保持材料乾燥。

草莓粉

用新鮮草莓低溫乾燥脫水製成，保有天然果子的風味，開封後請密封保存，才能保持材料乾燥。

天然食用色粉

以酵素技術，由天然的梔子或蘿蔔提煉出三原色色粉（紅、黃、藍），再依此調配出其他顏色。

食用色膏

烘焙專用色膏，可增添食物的色澤，酌量使用即可達到調色效果。

鹽漬櫻花

新鮮櫻花使用食鹽以及梅醋醃漬而製成，使用前必須浸泡大量清水，即可去除鹹味。

非調溫巧克力

又稱免調溫巧克力，不需要調溫可直接融化使用的巧克力，有白巧克力、草莓巧克力、黑巧克力（苦甜巧克力）。最常使用於表情、線條裝飾，或添加於麵糊中增加風味。

調溫黑巧克力

含有可可豆天然的可可脂，由於可可脂的結晶特性，必須經過調溫程序，才會呈現光亮特色。

水滴巧克力豆

又稱耐烤巧克力豆，成水滴形，耐高溫烘烤後不易融化。

裝飾糖珠眼睛

由砂糖、小麥粉、玉米澱粉和食品添加劑製成的裝飾材料。

學會巧克力的
融化方法

巧克力除了在烘焙產品本體中添加之外,很多時候是做裝飾用途。因此融化巧克力的方法成為必須注意的重點。一般來說巧克力在烘焙使用中可分為調溫及非調溫巧克力,顯見「調溫」是重點,以下將兩種調溫方式加以說明。

非調溫巧克力

又稱免調溫巧克力,由可可豆製成可可膏之後,抽離內含的可可脂,添加植物油或是代可可脂,其價格便宜、製作方便。只需將非調溫巧克力放入耐熱容器,以微波加熱方式融化即可。

· 融 化 作 法 ·

① 非調溫巧克力放入耐熱容器,放入微波爐,
以每次微波10秒鐘方式融化後使用。

簡易調溫巧克力

調溫巧克力使用較優質的可可豆及採用天然可可脂，在價格上比非調溫巧克力昂貴。使用調溫巧克力做裝飾不能直接融化，必須經過「調溫」的程序，否則甜點成品會出現嚴重白霜，對於視覺、口感皆大打折扣。「調溫」之目的是安定巧克力的結晶成分，使其呈現光滑的外表及釋放其原始香氣。

家庭簡易的巧克力調溫方式是先融化部分巧克力後，再添加剩餘的巧克力，攪拌均勻，讓巧克力能夠在升溫和降溫的操作下達到調溫。

· 融 化 作 法 ·

1 取配方中一半量的巧克力放入耐熱容器，放入微波爐，以每次微波10秒鐘方式融化。

2 取出加熱的巧克力，攪拌均勻。

3 巧克力依廠牌不同的加熱溫度有些微差異，以黑巧克力為例大約是50～54℃之間。

4 剩餘一半量的巧克力加入融化的巧克力中，攪拌達到降溫的效果。

5 降溫後的巧克力，大約28～31℃。

6 這時候巧克力表面呈現光亮，即完成簡易調溫步驟。

餅乾是踏入烘焙世界的入門首選，適合與家人享用或節慶當禮物，

本篇教你運用 4 種不同風味餅乾麵團，做出 22 款可愛爆棚的造型餅乾，

包含花朵、蘑菇家族的自然大集合，還有調皮小毛貓、憨憨熊寶寶動物世界，

以及應景的聖誕節花圈、萬聖節鬼鬼蛋白霜酥餅等，

只要加一點點小創意，讓餅乾多了造型，美味也能加分！

Chapter

2

可愛造型餅乾

奶油糖蛋黃類

在餅乾麵團中使用奶油、糖之外，

蛋僅使用蛋黃的配方設計，

重點是強調蛋黃的脂肪含量和乳化能力。

蛋黃具有將液體和脂肪結合的作用，以防止分離；

脂肪賦予烘焙產品額外豐富的風味和較佳的化口性。

― 材料主元素 ―

butter
奶油

＋

sugar
糖

＋

egg
yolk
蛋黃

＝

醇香化口

檸檬糖霜手指餅乾

Shortbread Lemon Fingers

保存：室溫 7 天
份量：36 片

充滿奶蛋香的手指餅乾，裹上適量帶微酸的檸檬糖霜，可以豐富餅乾更多層次風味，也適合搭配咖啡一起享用，讓你保持好心情、擁有悠閒的好時光。

下一頁

材料 Ingredients

·麵團·

無鹽發酵奶油	125g
上白糖	65g
鹽	0.5g
香草豆莢醬	0.5g
檸檬皮	0.5個
蛋黃	20g
低筋麵粉	180g

·檸檬糖霜·

純糖粉	70g
檸檬皮	0.5個
檸檬汁	16～18g

製作前準備

- 無鹽發酵奶油放於室溫20～30分鐘，待軟化成膏狀。
- 檸檬表皮洗淨後擦乾。
- 蛋黃放於室溫回溫。
- 烤箱以175℃預熱。

作法 Step by Step

·麵團·

1 軟化的發酵奶油、過篩的上白糖和鹽，以木匙攪拌均勻。

2 加入香草豆莢醬，繼續拌勻。 ＊木匙攪拌時具摩擦力，更方便混合材料。

3 磨入檸檬皮後拌勻，分次加入打散的蛋黃，攪拌至材料融合。 ＊攪拌過程中記得刮盆，使材料充分混合。

4 加入過篩的低筋麵粉，用橡皮刮板以切拌方式拌勻成無乾粉的麵團。

5 麵團放入塑膠袋，擀開成長方形約24×18cm、厚度0.5cm。 ＊麵團裝入塑膠袋更方便整型，可在袋子底部側邊剪1個小洞，整型時釋放空氣更平均。

6 擀好的麵團放入冰箱，冷凍約3小時。 ＊麵團冷凍靜置，方便後續更好壓模。

7 工具尺在冷凍麵團底部量出寬度約2cm的距離。
＊透過工具尺輔助，能將麵團切得更工整且尺寸一致。

8 用鋒利的刀具切割出12等份長條麵團。

9 排列整齊後，將麵團橫向切成3等份。

10 麵團平均鋪於矽膠墊後，冷藏15分鐘。

· 烘烤 ·

11 每條麵團間隔排入烤盤，放入烤箱烘烤18～22分鐘，取出待涼。

· 裝飾檸檬糖霜 ·

12 製作檸檬糖霜，純糖粉及檸檬皮屑混合，加入檸檬汁拌勻具流動性稠度。
＊檸檬汁是調節糖霜濃稠度的關鍵，慢慢添加為宜，量可以斟酌，但太稀不易附著。

13 每片餅乾沾上適量檸檬糖霜。

14 放在置涼架讓檸檬糖霜風乾，就可以裝入密封盒保存。

Q1 **增加檸檬糖霜亮度的方法？**

可以在檸檬糖霜中加入適量的食用白色色粉拌勻，能增加明顯度與亮度。

漢堡餅乾

QBurger Cookies

漢堡薯條在孩子們的小天地裡具有神聖的位子，吃漢堡薯條送小禮物更是眾多孩子的期待。將這個仿真小禮物做成可食用的迷你漢堡，孩子們肯定樂翻天。

保存：室溫 7 ～ 10 天
份量：20 個

材料 Ingredients

·麵團·

無鹽發酵奶油	120g
純糖粉	60g
玫瑰鹽	0.5g
蛋黃	15g
中筋麵粉	113g
卡士達粉	15g
杏仁粉	45g
馬鈴薯粉	45g

·調色粉類·

無糖可可粉	4g
草莓粉	1g
抹茶粉	3g

·裝飾·

白芝麻	適量

製作前準備

· 無鹽發酵奶油放於室溫20～30分鐘，待軟化成膏狀。
· 蛋黃放於室溫回溫。
· 烤箱以150℃預熱。

作法 Step by Step

·麵團·

1 奶油放入材料盆拌勻後，加入過篩的純糖粉、玫瑰鹽，攪拌均勻。

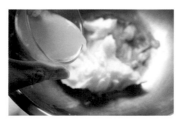

2 分次加入打散的蛋黃，充分攪拌均勻。

3 攪拌均勻的奶油蛋黃糊具蓬鬆感。

4 將中筋麵粉及卡士達粉過篩於作法3盆中。

5 加入過篩的杏仁粉及馬鈴薯粉。

6 用橡皮刮刀將所有材料拌合成團。

7 成團後的麵團呈現乾爽
不黏手狀態。

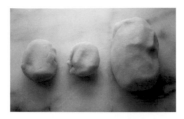

8 將麵團分割出需要的重
量,分別為80g、60g、
273g。 ＊先分割成需要的重
量,方便後續直接調色。

9 取80g麵團稍微壓扁,鋪
上過篩的可可粉及草莓
粉。 ＊麵團調色後容易沾黏在
手上,清潔後再與原色麵團組
裝,保持原色。

10 混合後揉成咖啡色。

11 取60g麵團與過篩的抹
茶粉混合,揉成綠色麵
團。 ＊麵團和色粉揉合時,務
必揉到均勻上色。

12 原色麵團為漢堡麵包
皮、咖啡色麵團為牛
肉,綠色麵團為蔬菜。

13 將3種顏色麵團各分割
成20等份。

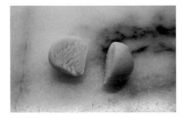

14 每個原色麵團分割成2
等份,形成上下兩層的
漢堡麵包皮。

15 原色麵皮放在矽膠墊
上,輕壓成片狀。 ＊上
下2片原色麵皮的尺寸一致為
宜,烘烤後仿真程度更佳。

 Q1 卡士達粉是什麼?

卡士達粉實際上是加味的布丁粉,由具風味的玉米澱粉(玉米粉)和淡黃色的
食用色素組成。這種味道就像新鮮卡士達醬,由蛋黃、牛奶、糖和玉米澱粉煮
熟而成。因此卡士達粉做為餅乾的成分添加時,也會帶著相同的風味。

· 組合裝飾 ·

16 咖啡色及綠色分別輕壓成大小一致的片狀。

17 組合麵皮，取1片綠色麵皮疊在1片咖啡色麵皮上。

18 組合後放在1片原色麵皮上。

19 另1片原色麵皮放在綠色上方，即為漢堡麵團。 ＊堆疊組合時，需讓咖啡色及綠色麵皮從側邊可見，才會美觀。

20 漢堡麵團正面朝下均勻沾上白芝麻，沾一面即可。

21 將上下麵皮麵團向中心位置輕壓，形成自然的麵包邊。

· 烘烤 ·

22 即完成仿真漢堡，依序完成其他漢堡餅乾。

23 將每個漢堡餅乾間隔排入鋪矽膠墊的烤盤，。

24 烘烤32～35分鐘，取出後在烤盤內冷卻。 ＊低溫長時間烘烤，可保持餅乾形體及上色均勻。

25 最佳烘烤程度，可以看見餅乾底部上色均勻具酥鬆度。

熊熊生巧克力夾心餅乾

Shortbread Chocolate Ganache

保存：室溫 3 ～ 5 天
份量：7 隻

餅乾做成不同造型，總讓人有暖心的感覺，雖然多一點點的工序，
卻讓完成品大不同。唯妙唯肖的熊模樣，可以擄獲許多童心啊！

材料 Ingredients

· 麵團 ·

無鹽發酵奶油	65g	蛋白	15～20g
純糖粉	30g	低筋麵粉	150g
鹽	0.5g	杏仁粉	30g
蛋黃	17～20g	無糖可可粉	5g

·生巧克力·

動物性鮮奶油	135g
黑巧克力（72%調溫）	200g
牛奶巧克力	100g
蘭姆酒	10g
無鹽發酵奶油	8g

·裝飾·

白巧克力（33%調溫）	適量
黑巧克力（72%調溫）	適量

製作前準備

- 準備1個正方形慕斯框，尺寸是16×16cm。
- 準備熊造型壓模。
- 無鹽發酵奶油放於室溫20～30分鐘，待軟化成膏狀。
- 蛋黃、蛋白放於室溫回溫。
- 烤箱以165℃預熱。

 作法 Step by Step

·麵團·

1 軟化的奶油放入材料盆，攪打至絨毛狀，加入過篩的純糖粉、鹽，攪打均勻。

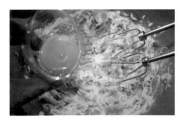

2 接著加入蛋黃，攪打均勻至完全吸收。

3 整體麵團水分極少，可加入適量蛋白調整，避免乾裂感。 ＊可保留一些蛋白，隨時調整麵團的濕度。

4 粉類過篩於作法3材料盆中，用橡皮刮板將材料翻拌成團。

5 完成的麵團裝入塑膠袋中整型，擀成厚度約0.4cm正方形。 ＊塑膠袋的邊角記得剪1個小口，這樣有點空氣，方便整型。

6 整型好的麵團放入冰箱，冷凍約30分鐘備用。 ＊麵團冷凍後，整型較方便。

7 製作生巧克力，動物性鮮奶油倒入厚底鍋，以小火加熱至沸騰後關火。

8 所有巧克力加入作法7，靜置約1分鐘。 ＊需要靜置1分鐘，太快攪拌很容易造成油水分離。

9 過了1分鐘，再將巧克力攪拌均勻且融化。

10 加入蘭姆酒及無鹽奶油，拌勻即完成生巧克力。

11 方形慕斯框底部及側邊包覆烘焙紙，再放於托盤上。

12 將生巧克力倒入方框中，和托盤一起放入冰箱冷藏約1小時至凝固。

13 從冰箱取出餅乾麵團，撕除塑膠袋後放在烘焙紙上。

14 熊壓模沾上薄薄乾粉，直接在餅乾麵團上壓出造型。

15 夾心餅乾的1片需要壓出圓圈當鼻子，另1片不需要壓。 ＊圓圈是以擠花嘴較寬的面壓出，圓圈尺寸可以根據熊熊臉部大小決定。

16 壓好的熊餅乾麵團間隔排入鋪烘焙紙的烤盤上備用。

17 將剩餘的麵團整型後放入塑膠袋，整型方式相同，冰過後即可繼續壓模。

18 避免失誤，可以2片一組排列（1片有洞1片沒有洞），排好後放入冰箱冷藏30分鐘靜置。

·烘烤·

19 從冰箱取出熊餅乾麵團放入烤箱，烘烤20分鐘。 ＊中途可視烘烤上色狀態，將烤盤轉向幫助餅乾均勻受熱。

20 取出烤好的餅乾，放置烤盤待完全冷卻再夾餡。

·組合裝飾·

21 將熊壓模放在生巧克力上，壓出造型。 ＊生巧克力是由外向內凝固，操作時若覺得太軟都可以稍微冷藏再進行壓模。

22 再放於沒有洞的餅乾上，蓋上有洞的餅乾，組合成巧克力夾心餅乾，再次放回冰箱冷藏30分鐘。

·裝飾巧克力·

23 調溫白巧克力先微波一部分後，再加入未加熱的白巧克力拌勻。

24 進行調溫攪拌至29℃，再裝入擠花袋備用。 ＊白巧克力的使用溫度在29℃最佳，調溫方法見P.016。

25 裝飾熊餅乾，將白巧克力擠入餅乾圈圈中成為鼻子。 ＊由於生巧克力已凝固，白巧克力加入後很快就凝結，所以擠入的動作必須快速準確。

26 調溫黑巧克力先微波一部分後，再加入未加熱的黑巧克力拌勻。

27 進行調溫攪拌至31～33℃，再裝入擠花袋備用。

28 接著在熊餅乾上擠出眼睛和兩側鼻線，即完成可愛的餅乾。

奶油花朵餅乾

Butter Cookies

保存：室溫 7 ～ 10 天
份量：22 片

簡單的奶油餅乾麵團配方可以依據個人口味調整，嘗試不同的外型及口味，酥脆可口的奶油餅乾具有令人讚嘆的奶油風味，在口中融化，忍不住一口接一口。

材料 Ingredients

· 麵團 ·

無鹽發酵奶油	125g
上白糖	70g
玫瑰鹽	0.5g
香草豆莢醬	0.5g
蛋黃	20g
低筋麵粉	180g

 製作前準備

· 準備花朵造型壓模。
· 無鹽發酵奶油放於室溫20～30分鐘，待軟化成膏狀。
· 蛋黃放於室溫回溫。
· 烤箱以175℃預熱。

作法 Step by Step

· 麵團 ·

1 軟化的發酵奶油、上白糖和玫瑰鹽，以木匙攪拌均勻。 ＊快速融化奶油法，將奶油放於耐熱容器，微波10秒鐘至奶油呈現膏狀即可。

2 加入香草豆莢醬，繼續拌勻。 ＊木匙攪拌時具摩擦力，更方便混合材料。

3 分次加入打散的蛋黃，攪拌至材料融合。 ＊攪拌過程中記得刮盆，使材料充分混合均勻。

4 低筋麵粉過篩至材料盆中，橡皮刮板以切拌方式拌勻。

5 拌勻成無乾粉的麵團。

6 麵團放入塑膠袋，擀開成長方形約27×17cm、厚度0.5cm。

 Q1 判斷餅乾烤熟的方法？

餅乾烘烤後取出，小心翻面看餅乾底部上色程度，如果是均勻上色表示熟了。

7 擀好的麵團放入冰箱，冷凍約3小時。 ＊麵團冷凍靜置，方便後續更好壓模。

8 取出冰硬的麵團，撕除塑膠袋。

· 壓模 ·

9 將花朵壓模沾上薄薄乾粉，放於麵團上方，壓出花朵形狀。

10 拿毛刷或水彩筆刷除多餘的粉類。

11 麵團間隔鋪於矽膠墊後冷藏15分鐘。

12 剩餘麵團再次整成團，冷凍靜置後，照著作法6至11操作。

· 烘烤 ·

13 每片麵團間隔排入鋪矽膠墊的烤盤。

14 放入烤箱烘烤18～20分鐘，取出後在烤盤內待冷卻。

Q2　**為什麼麵團需要冷凍靜置？**

麵團在冷凍靜置的過程中增加風味，同時麵團因冷藏脫水作用，可以在烘烤中保持更理想的餅乾形狀。

焦糖漩渦餅乾
Shortbread Caramel Snail

保存：室溫 7 天
份量：24 片

焦糖醬所散發的奶香與微焦香氣巧妙融合，完全屬於成熟大人的味道，
捲入麵團做成餅乾，更添獨特風味！

材料 Ingredients

· 焦糖醬 ·

上白糖	100g
動物性鮮奶油	130g
無鹽發酵奶油	25g
鹽之花（或鹽）	1g

· 麵團 ·

無鹽發酵奶油	125g
上白糖	35g
三溫糖	35g
鹽	0.5g
香草豆莢醬	0.5g
蛋黃	20g
低筋麵粉	180g
焦糖醬	50g

製作前準備

· 準備1捲用完的廚房紙巾圓筒。
· 無鹽發酵奶油放於室溫20～30分
　鐘，待軟化成膏狀。
· 蛋黃放於室溫回溫。
· 烤箱以180℃預熱。

· 焦糖醬 ·

1 上白糖倒入厚底鍋中，以小火煮至糖變成琥珀色。＊糖很快就煮成琥珀色，所以須隨時在爐火邊顧，並用小火煮製。

2 將動物性鮮奶油慢慢倒入作法1，繼續小火加熱至喜歡的琥珀色程度。＊可將鮮奶油稍微加熱後再倒入熱糖漿中，能避免冷熱溫度落差太大。

3 繼續加熱至濃稠的琥珀色度。＊鍋具以厚底為佳，煮糖溫度很燙，小心操作並避免噴濺。

4 發酵奶油放入作法3醬汁，攪拌均勻。

5 最後加入鹽之花，攪拌均勻，關火。＊鹽之花能讓焦糖顏色更有定色效果。

6 放涼的焦糖醬裝入玻璃容器，可密封冷藏保存3星期。＊這道餅乾食譜需要50g焦糖醬，剩下的可用在達克雪人餅乾P.094。

· 麵團 ·

7 發酵奶油、上白糖、三溫糖和鹽放入材料盆，以木匙攪拌均勻。

8 加入香草豆莢醬，拌勻。分次加入打散的蛋黃，攪拌至材料融合。＊記得刮盆使材料充分混合。

9 低筋麵粉過篩至材料盆，用橡皮刮板切拌方式拌勻，拌勻成無乾粉的麵團。

10 取出麵團，放在鋪保鮮膜的工作台上方。

11 在麵團上方蓋上另一層保鮮膜，用擀麵棍擀成30×20cm的長方形。＊隔著保鮮膜擀麵團，更容易擀開。

12 撕開麵團上方保鮮膜，塗上50g焦糖醬。

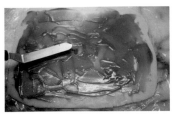

13 用小抹刀抹勻焦糖醬。

14 將麵團底部保鮮膜拉起，慢慢向上捲起成圓筒狀。

15 用完的廚房紙巾圓筒可套入麵團，幫助整型。

16 將麵團放入冰箱，冷凍約3小時。　＊麵團整型後冷凍變硬，較方便切割。

17 冰硬的麵團放室溫下15分鐘回溫。

18 麵團以鋒利刀子切割約厚度0.7cm。　＊切割麵團的厚度盡量一致，烘烤時受熱較均勻。

· 烘烤 ·

19 將麵團間隔放於矽膠墊上，冷藏約15分鐘。

20 再間隔排入烤盤，再放入烤箱烘烤18～20分鐘。

21 取出烤好的餅乾，在烤盤內冷卻即可。

22 當天吃不完的餅乾，可放入密封罐保存，避免返潮。

Q1　**焦糖醬的用途？**

Caramel在法語中意為「焦糖」，來自拉丁語cannamellis，是canna（甘蔗）和mel（蜂蜜）的組合。焦糖醬用途廣泛，可加在咖啡中，或是搭配冰淇淋、鬆餅、馬芬蛋糕、起司蛋糕食用，焦糖醬也適合做餅乾夾心。

奶油糖全蛋類

在餅乾麵團中使用奶油、糖之外，

加入全蛋使用的配方設計，充滿濃郁奶蛋香，

並著重於蛋黃和蛋白的最佳特性，全蛋也是很好的黏合劑，

尤其在蛋糕、餅乾和其他烘焙食品中都會用到。

全蛋在加熱時會變硬和凝固，為甜點提供重要的結構支撐力。

───────── 材料主元素 ─────────

butter
奶油

＋

sugar
糖

＋

whole egg
全蛋

‖

奶蛋香足

可愛鯨魚杯掛餅乾

Whale Cup Hanger Cookies

保存：室溫 7 ～ 10 天
份量：25 片

多年前朋友送了一對杯掛餅乾壓模給我，覺得非常有趣！想到任何杯裝飲料的杯子若掛上 1 片造型餅乾，立刻將心情帶到最嗨。喝著杯中的飲料，鼻尖聞到陣陣奶香味，原來幸福這麼近。

材料 Ingredients

·麵團·

無鹽發酵奶油	130g
純糖粉	95g
鹽	1g
香草豆莢醬	1g
全蛋	50g
中筋麵粉	250g
杏仁粉	50g

·裝飾·

白巧克力（非調溫）	20g
食用彩色糖珠	適量

製作前準備

· 準備鯨魚造型壓模。
· 無鹽發酵奶油放於室溫20～30分鐘，待軟化成膏狀。
· 全蛋放於室溫回溫。
· 烤箱以170℃預熱。

下一頁

 作法 Step by Step

1 用木匙將軟化的發酵奶油攪拌均勻。

2 加入過篩的純糖粉、鹽,繼續攪拌均勻。 *壓模類餅乾的麵團不需要過度打發,烘烤時才能保持形狀。

3 加入香草豆莢醬,拌勻,分次倒入打散的全蛋,拌勻。 *每次加入蛋汁前確保材料充分混合,避免油水分離。

4 加入過篩的中筋麵粉及杏仁粉。 *富含堅果香氣的杏仁粉添加於麵團,能讓餅乾組織稍微帶酥鬆度。

5 用橡皮刮刀切拌成無乾粉的麵團即可。 *麵團避免過度攪拌,容易產生麵筋而影響餅乾口感。

6 麵團鋪於上下保鮮膜之間,用擀麵棍擀開約0.4cm厚度,再冷凍1小時變硬。 *麵團冷凍變硬,方便後續壓模和切割缺口。

· 壓模 ·

7 將鯨魚壓模(長8×寬4.5×高2.5cm)或喜歡的造型模沾上薄薄乾粉,再放置麵團上。

8 壓出可愛的鯨魚造型。 *鯨魚壓模可沾上適量乾粉,能輔助壓模而避免沾黏。

9 裁切1張比鯨魚壓模稍微大的烘焙紙,墊在鯨魚壓模下方。

 Q1 適合的包裝袋尺寸?

冷卻的餅乾可放入密封罐後綁個蝴蝶結;或是裝入比餅乾稍微大些的透明袋包裝(挑尺寸約10×7cm)。簡單的餅乾麵團,利用可愛的造型壓模,加上巧思包裝,送禮大方又能讓收禮物者充滿驚喜感。

10 拿筆描繪出鯨魚壓模外觀，以及缺口處（即杯掛處），長約2cm×寬1cm。

11 用剪刀沿著描繪好的烘焙紙剪好，再放於麵團上。 ＊杯掛缺口可依喜好決定適合的大小與位置，我選擇在鯨魚下腹部。

12 用小刀沿著烘焙紙切割出鯨魚外觀，以及缺口處。 ＊切割麵團時，請保持冰凍狀態，避免軟化而影響形體完整度。

13 切割下來的缺口麵團，以小刀墊底平行取出。

14 將切好的餅乾麵團放置矽膠墊上，再放入冰箱冷凍約15分鐘。

· 烘烤 ·

15 餅乾麵團連同矽膠墊置入烤盤，放入烤箱烘烤約13～15分鐘。 ＊洞洞矽膠墊有效幫助餅乾烘烤更均勻且底部平整。

16 取彩色糖珠沾上已融化的白巧克力，點在鯨魚眼睛部位即可。 ＊融化巧克力方法見P.016。

Q2 **可以換成其他的造型餅乾嗎？**

你可以挑選喜歡的造型壓模，同樣以烘焙紙或描圖紙繪出外觀和杯掛缺口位置。這裡示範一款說話餅乾，在壓模後的麵團上用文字壓模壓出心裡想說的話，後續烘烤方式和鯨魚餅乾一樣。

蘑菇奇緣餅乾
Mushroom Cookies

保存：室溫 3 ～ 5 天
份量：21 朵

小時候因為踩到鐵鏽受傷，媽媽找了偏方用乾香菇浸泡童子尿做為傷口消炎用，直到 20 歲前看見香菇都是心中的芥蒂。所幸這個美味得到解鎖，不僅愛吃真味版，更要做成餅乾來追討過去的不足。

材料 Ingredients

·麵團·

無鹽發酵奶油	80g
純糖粉	75g
玫瑰鹽	1g
香草豆莢醬	1g
全蛋	30g
蛋黃	10g
低筋麵粉	185g
無鋁泡打粉	2g

·糖漿·

細砂糖	100g
水	30g

·裝飾·

無糖可可粉	3g

製作前準備

· 無鹽發酵奶油放於室溫20～30分鐘，待軟化成膏狀。
· 全蛋、蛋黃放於室溫回溫。
· 烤箱以175℃預熱。

作法 Step by Step

·麵團·

1 用木匙將軟化的發酵奶油攪拌均勻。 ＊奶油不需要打發，保有餅乾形體。

2 加入過篩的純糖粉、玫瑰鹽，繼續攪拌均勻。

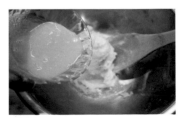

3 全蛋和蛋黃混合打散，分次倒入作法2，拌勻至蛋汁完全吸收。

4 用橡皮刮板刮盆，確保材料充分攪拌。

5 加入過篩的低筋麵粉、泡打粉，攪拌成無乾粉的麵團。

6 將麵團分成1大塊（約300g）、1小塊（約60g），用保鮮膜包覆後冷藏30分鐘。 ＊麵團冷藏靜置30分鐘，後續好揉捏，如果冷凍變硬了，則更不易塑型。

・製作菇傘・

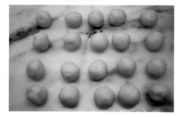

7 將300g麵團分成20等份、每份約15g。

8 間隔鋪於矽膠墊上。

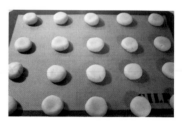

9 以指腹稍微壓扁。

・烘烤菇傘・

10 取一小片烘焙紙揉小後壓入麵團背部。 ＊利用烘焙紙屑壓在菇傘麵團底部做凹槽，非常簡單又好用的方法。

11 間隔排入烤盤，烘烤15～18分鐘。 ＊烘烤中途，可視狀態將烤盤轉向，幫助均勻受熱上色。

12 烤好的餅乾在烤盤待冷卻備用。

・製作菇柄・

13 趁著餅乾冷卻時，將烘焙紙取出。

14 餅乾底部朝上，方便後續與菇柄結合。

15 將60g麵團分成20等份、每份3g，全部搓成子彈型。

· 烘烤菇柄 ·

16 間隔排入鋪烘焙紙的烤盤，烘烤13～15分鐘。

17 取出後，餅乾在烤盤內待冷卻。

· 糖漿 ·

18 製作糖漿，細砂糖和水放入小鍋中。

19 以小火加熱煮沸。

20 煮至糖漿可掛在矽膠刮刀上，即可關火。

21 菇柄趁熱沾好糖漿。

22 再插入菇傘底部凹槽位置，即完成蘑菇。

23 放置3～5分鐘，待定型並黏合。

· 裝飾 ·

24 可可粉加入剩餘糖漿拌勻，握住菇柄後正面朝下沾上可可糖漿。
＊若糖漿過稠，可適量以溫水調整。沾上可可糖漿後，能將蘑菇餅乾拿高，讓過多的糖漿滴落。

25 蘑菇餅乾轉向正面放在涼架上風乾，依序完成另20朵蘑菇。

Q1　**為什麼糖漿必須趁熱使用？**

細砂糖加水煮沸成濃稠熱糖漿時，具有黏著效果，但必須趁熱操作，當熱糖漿冷卻，則容易反沙而失去黏著作用。

肉桂毛貓餅乾
Cinnamon Kitty Cookies

保存：室溫 7 ～ 10 天
份量：26 隻

喜歡和不喜歡肉桂粉的族群兩極化，身邊的朋友有很愛也有完全不能接受的，十分有趣。喜歡肉桂粉帶來的辛香氣息，先滿足嗅覺再討喜味蕾與視覺享受。

材料 Ingredients

·基本麵團·

無鹽發酵奶油	125g
純糖粉	75g
玫瑰鹽	1g
全蛋	37.5g
杏仁粉	37.5g
無鋁泡打粉	0.5g

·淺咖啡色麵團·

低筋麵粉	48g
無糖可可粉	2g

·深咖啡色麵團·

低筋麵粉	40g
無糖可可粉	10g

·肉桂麵團·

低筋麵粉	100g
肉桂粉	1.5g

 製作前準備

- 準備貓咪造型壓模。
- 無鹽發酵奶油放於室溫20～30分鐘，待軟化成膏狀。
- 全蛋放於室溫回溫。
- 烤箱以165℃預熱。

作法 Step by Step

· 基本麵團 ·

1 秤量好所有材料。

2 用木匙將軟化的發酵奶油攪拌均勻。

3 加入過篩的純糖粉、玫瑰鹽，繼續攪拌均勻。

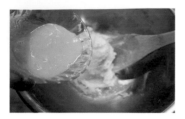

4 分次倒入打散的全蛋，拌勻至完全吸收。

5 用橡皮刮板刮盆，確保材料充分攪拌。

6 再加入過篩的杏仁粉、泡打粉，攪拌均勻成偏軟的麵團。

7 將麵團分成1/4份共2盆、1/2份1盆，備用。

· 淺咖啡色麵團 ·

8 低筋麵粉和可可粉過篩於1/4份麵團，拌勻成淺咖啡色。

· 深咖啡色麵團 ·

9 低筋麵粉和可可粉過篩於1/4份麵團，拌勻成深咖啡色。

· 肉桂麵團 ·

10 剩餘的1/2份麵團和過篩的低筋麵粉及肉桂粉混合，拌均成團。

11 將3種顏色麵團包覆保鮮膜，冷凍約1小時。

· 組合壓模 ·

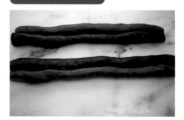

12 深淺咖啡色麵團各別分割成2等份，搓長。

13 將肉桂麵團分割成4等份，同樣搓成與深淺咖啡色一樣長度。

14 取深淺咖啡色各1條、肉桂麵團2條靠攏黏緊，再冷凍1小時變硬。 ＊麵團黏貼時可稍有縫隙，麵團擀開時自然將其填滿。

15 將麵團切割成大約1.2cm寬度。

16 麵團以不規則顏色排列於保鮮膜上。

17 蓋上另1張保鮮膜，輕輕擀開約0.7cm厚度。 ＊麵團整型擀開時，務必輕巧且力道一致，保持各色麵團清晰度。

18 麵團再次放入冰箱冷凍約15分鐘。 ＊透過保鮮膜包覆與輔助擀壓，可避免麵團之間互相染色。

· 烘烤 ·

19 將貓咪壓模放於餅乾麵團上，壓出形狀並輕輕取出。

20 麵團鋪於矽膠墊，放入烤箱烘烤約20～25分鐘。 ＊烘烤中途，可視狀態將烤盤轉向，幫助均勻受熱上色。

21 取出烤好的餅乾，在烤盤內冷卻至室溫即可。

Q1 整型式麵團需要冰的原因？

操作整型式麵團需要注意天氣溫度變化外，也因手溫而使麵團變軟，這時候可透過冰箱冷藏或冷凍，方便整型的美觀與完整性。

熊寶貝燕麥餅乾
Healthy Oat Cookies

保存：室溫 7 天
份量：11 片

家庭烘焙常備的祕密武器是「焦香奶油」，運用這個簡單的食材可做成美味的燕麥餅乾。奶油經過加熱蒸發部分水分，留下如焦糖榛果般香氣的奶油液，適合做餅乾和糕點，在味道方面有加分效果。

材料 Ingredients

· 麵團 ·

無鹽發酵奶油	150g
全蛋	60g
上白糖	67g
香草糖	8g
玫瑰鹽	1g
低筋麵粉	75g
無鋁泡打粉	1g
即溶燕麥片	125g

· 裝飾巧克力 ·

白巧克力（非調溫）	20g
黑巧克力（非調溫）	20g

製作前準備

· 無鹽發酵奶油放於室溫20～30分鐘，待軟化成膏狀。
· 全蛋放於室溫回溫。
· 烤箱以160℃預熱。

作法 Step by Step

· 麵團 ·

1 準備餅乾麵團材料。

2 製作焦香奶油，將奶油放入厚底單柄鍋，以中火煮沸。 ＊使用厚底鍋煮製，可避免底部燒焦。

3 轉小火，奶油經過加熱後釋出水分。

4 剛開始呈現大顆的泡泡。

5 逐漸發現鍋邊奶油液開始焦化。

6 泡泡慢慢地變小，並且變焦糖色後關火。 ＊煮時小心高溫，避免燙傷。

Q1　煮製焦糖奶油需要留意的重點？

奶油冷凍或冷藏，在加熱過程容易噴濺及煮焦，所以製作焦香奶油前，請從冰箱取出奶油，放置常溫20～30分鐘。奶油加熱後會釋出水分及蒸發一些，所以奶油需要多準備，才能煮出需要的焦香奶油量。奶油煮製後的水分會蒸發約20～30％，這是參考值，請依據各家奶油品牌而定，焦香奶油需要用量乘以流失％數，可得到需要的奶油用量。

7 厚底單柄鍋浸泡於冰水盆，讓焦糖奶油冷卻。
＊厚底鍋泡入冰水盆，可快速降溫及避免持續加溫。

8 將冷卻的焦糖奶油過篩。

9 取出105g焦糖奶油。

10 全蛋放入材料盆中，用打蛋器打散。

11 加入過篩的上白糖、香草糖、玫瑰鹽。

12 用打蛋器繼續拌勻。

13 將冷卻的焦香奶油倒入蛋液中，拌勻。

14 篩入低筋麵粉、泡打粉，拌勻。

15 再加入即溶燕麥片。

· 組合 ·

16 使用橡皮刮刀將材料拌勻成團狀。

17 開始組合，每隻熊餅乾需要臉部27g×1、鼻子2g×1、耳朵4g×2。

18 矽膠墊鋪於烤盤，將臉部麵團放在矽膠墊上，稍微壓扁。

19 耳朵麵團揉圓後放在臉部麵團兩側。

20 鼻子麵團揉圓後放在臉部偏下方，輕輕壓扁，再完成另外10隻熊餅乾整型組合。

・烘烤・

21 每隻熊餅乾間隔排好，再放入烤箱烘烤20分鐘。 ＊烘烤中途可視烤箱特性將烤盤轉向，幫助均勻受熱。

・裝飾巧克力・

22 取出烤好的熊餅乾，在烤盤內待冷卻再裝飾。

23 裝飾用巧克力分別融化，再裝入擠花袋。
＊巧克力融化方式見P.016。

24 白巧克力在鼻子上擠出圓形裝飾。

25 黑巧克力擠出眼睛和鼻子線條裝飾。

26 你可以發揮想像力，完成每隻不同表情的裝飾。

Q2 焦香奶油（brownbutter）是什麼？

焦香奶油具榛果焦糖般的香氣，其法文為buerrenoisette，是製作經典法式點心的必備食材，奶油經過加熱煮至琥珀色，並提升出如榛果焦糖般的風味。在加熱不到10分鐘，奶油會發出嘶嘶聲、起泡沫，並煮出堅果和焦糖味道，適合加入麵團中做成餅乾，能增添迷人的香氣。

衣服找鈕釦餅乾
Button Cookies

保存：室溫 7 ～ 10 天
份量：60 片

曾經因為衣服或褲子鈕釦掉落而發生窘事的經驗嗎？當下缺少了一個就是不完美又尷尬不已，若能有備用的該多好！這樣的想法讓我想到烘焙出大量可食用的鈕釦，創造生活樂趣不僅自娛亦可嘉惠親友。

材料 Ingredients

・麵團・

無鹽發酵奶油	125g
純糖粉	85g
玫瑰鹽	1g
香草豆莢醬	1g
全蛋	40g
中筋麵粉	210g

・調色粉類・

抹茶粉	3g
紅蘿蔔色粉	3g

製作前準備

- 準備1支空的針筒。
- 準備直徑約3.3cm圓形壓模、直徑2.8cm飲料瓶蓋。
- 無鹽發酵奶油放於室溫20～30分鐘，待軟化成膏狀。
- 全蛋放於室溫回溫。
- 烤箱以165℃預熱。

作法 Step by Step

・麵團・

1 準備餅乾麵團材料。

2 用木匙將軟化的發酵奶油攪拌均勻。

3 加入過篩的純糖粉、玫瑰鹽，繼續拌勻。 ＊材料攪拌均勻，不需要打發。

4 再加入香草豆莢醬拌勻，取橡皮刮刀刮盆，確保材料充分攪拌。

5 分次倒入打散的全蛋。

6 拌勻至完全吸收的乾爽奶油糊。

· 麵團調色 ·

7 加入過篩的中筋麵粉，以刮刀切拌成團，分割成3等份、每份約150g。

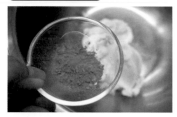

8 取1/3份麵團與過篩的抹茶粉拌勻。

9 另1/3麵團與紅蘿蔔色粉拌勻。

10 將3種顏色麵團裝入塑膠袋，擀成約0.3cm厚度的長方形。

11 麵團放置托盤，冷凍約1小時變硬。＊鈕釦麵團冷凍前可放置托盤上，避免移動時麵團太軟而變形。

· 壓模 ·

12 取直徑約3.3cm壓模放於麵團上，壓出圓形。＊壓出鈕釦圍邊的力道需輕巧，以免麵團變形。

13 將麵團間隔放置於鋪矽膠墊上。

14 取直徑約2.8cm飲料瓶蓋在麵團上輕壓一圈。
＊可先壓出所有鈕釦的外層圍邊，再逐一戳出鈕釦洞。

15 利用針筒戳出4個鈕釦洞。 ＊針筒戳小洞是很實用的小工具，可將戳出的麵團集合後再次整型成鈕釦。

16 鈕釦餅乾麵團即完成，再繼續壓出3種顏色鈕釦，1色約20片。

17 將鈕釦麵團置於矽膠墊上，放入冰箱冷凍約15分鐘。 ＊鈕釦麵團稍微冷凍後，可保持形體完整性。

· 烘烤 ·

18 接著放入烤箱，烘烤15～18分鐘。 ＊低溫烘烤，可保持餅乾上色均勻。

19 取出烤好的餅乾，在烤盤內冷卻即可。

20 鈕釦餅乾洞口若密合，可以趁熱以竹籤戳開。
＊冷卻的餅乾可以放入密封罐或保鮮盒，可以維持酥脆度。

愛心珠寶盒餅乾
Chocolate Jewelry Box

保存：室溫 3～5 天
份量：2 個

巧克力的魅力是全世界有目共睹，其中富含色胺酸成分，能夠讓大腦感到快樂、興奮，可傳遞幸福感。如果將巧克力裝進親手做的巧克力寶盒，應該會讓人心情更愉悅。

材料 Ingredients

·麵團·

無鹽發酵奶油	125g
純糖粉	85g
玫瑰鹽	1g
全蛋	50g
低筋麵粉	182.5g
杏仁粉	55g
無糖可可粉	25g

·裝飾·

黑巧克力（非調溫）	30g
食用金粉	適量
食用粉紅色亮粉	適量

製作前準備

· 準備1個9×9cm愛心模、1個5.5×5.5cm愛心模。
· 無鹽發酵奶油放於室溫20～30分鐘，待軟化成膏狀。
· 全蛋放於室溫回溫。
· 烤箱以165℃預熱。

作法 Step by Step

·麵團·

1 準備餅乾麵團材料。

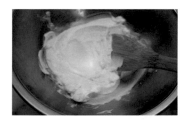

2 用木匙將軟化的發酵奶油拌勻。

3 加入過篩的純糖粉、玫瑰鹽，繼續攪拌均勻。

4 分次倒入打散的全蛋。

5 一開始攪拌會有些油水不合，屬於正常現象。

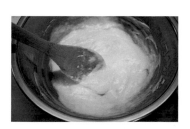

6 仔細攪拌後的蛋汁與奶油糊融合均勻。

7 加入過篩的低筋麵粉、杏仁粉及無糖可可粉。

8 用橡皮刮板將所有材料以切拌方式，混合拌勻。

9 攪拌至無乾粉的麵團。

10 麵團包覆包鮮模，放入冰箱冷凍約1小時。
＊麵團經過冷凍，可避免後續整型不易。

11 冷凍後的麵團擀開約厚度0.5cm。

· 壓模 ·

12 以大的愛心壓模壓出麵團共10片。

13 取6片麵團用小的愛心壓模壓出空心狀。

14 切割後的愛心麵團放在矽膠墊上。

15 將愛心麵團放入冰箱冷凍約30分鐘。 ＊麵團稍微冷凍靜置，是希望烘烤時能維持造型。

· 烘烤 ·

16 再放入烤箱烘烤18～25分鐘。 ＊烘烤中途可視烤箱特性，將烤盤轉向幫助均勻受熱。

17 取出烤好的餅乾，在烤盤內冷卻後再裝飾。

· 組合裝飾 ·

18 每組珠寶盒需要2片實心和3片空心餅乾，共可做2個。

19 先疊高排列一下愛心珠寶盒形狀。

20 取1片空心餅乾在背面擠上適量的融化黑巧克力。 ＊巧克力融化方式見P.016。

21 利用竹籤將融化黑巧克力推勻。

22 將塗上融化巧克力的空心餅乾輕放在1片實心餅乾上。

23 繼續完成另外2層的空心餅乾貼合。

24 完成3層空心餅乾貼合後，珠寶盒高度可見。
＊黏合時必須對齊堆高，這樣黏好的珠寶盒才會漂亮。

25 可放入喜歡吃的巧克力或小顆糖果。

26 在1片實心餅乾上噴適量食用金粉，當作珠寶盒上蓋。

27 即完成金黃色珠寶盒裝飾。

28 另一個噴上食用粉紅色亮粉裝飾。 ＊珠寶盒上蓋蓋上但不需黏合，否則打不開。

Q1 **壓模後的剩餘麵團可以再擀製？**

壓模後旁邊會有多出來的麵團，可集中揉合後，以相同方式整型、冷凍、切割、冷凍後烘烤。

荷包蛋吐司餅乾
Toast Egg Cookies

保存：室溫 3 ～ 5 天
份量：17 片

煎個荷包蛋，搭配 1 片剛出爐的烤吐司，假日的早午餐簡單又隨興。
將這個組合概念運用於造型餅乾，讓大家隨時都有甜蜜的好時光，
讓生活多些愜意。

材料 Ingredients

· 麵團 ·

無鹽發酵奶油	110g
上白糖	40g
純糖粉	55g
玫瑰鹽	1g
全蛋	40g
低筋麵粉	220g
杏仁粉	40g
香草豆莢粉	1g
無糖可可粉	4g

· 糖霜 ·

純糖粉	30g
蛋白霜粉	3g
食用水	3g
黃色食用色素	適量

製作前準備

· 準備吐司造型壓模。
· 無鹽發酵奶油放於室溫20～30分鐘，待軟化成膏狀。
· 全蛋放於室溫回溫。
· 烤箱以165℃預熱。

作法 Step by Step

· 麵團 ·

1 奶油攪打至絨毛狀，加入過篩的純糖粉和玫瑰鹽，攪打至奶油顏色變白。

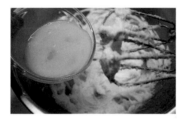

2 分次倒入打散的全蛋，攪打至完全吸收。

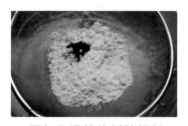

3 再加入過篩的低筋麵粉、杏仁粉和香草豆莢粉，拌勻。 *香草豆莢粉可以香草豆莢醬取代。

4 用橡皮刮板將材料拌合，揉成無乾粉的麵團。

5 取100g麵團加入可可粉，揉合成咖啡色，可製作吐司邊。

6 保鮮膜上下鋪在咖啡色麵團上，擀開約0.2cm厚度的麵皮，冷凍1小時變硬。

Q1　讓糖霜乾燥的方式？

可放置室溫風乾，根據天氣溫濕度決定所需時間長短。或是放入烤箱，以50℃低溫度烘烤約50～60分鐘，使其乾燥。

7 剩餘約400g原色麵團包覆保鮮膜，放置冰箱冷凍1小時，讓麵團好整型。

8 吐司壓模沾上薄薄乾粉後在麵團上壓出吐司片，用指腹從壓模中間空洞處推出麵團。

9 壓好的每片吐司麵團相貼整齊合體。 ＊盡量每片都貼緊貼整齊，但不要碰觸到吐司邊邊的形狀，以免變形。

· 組合 ·

10 縫隙處可使用多餘的麵團補齊。

11 從冰箱取出咖啡色麵團，再包覆整個原色麵團，完成後冷凍至隔天備用。

12 取出合體的吐司麵團，以直立式切片成約0.7cm厚度。

· 烘烤 ·

13 切片的餅乾麵團間隔排入鋪烘焙紙的烤盤。＊若未立刻烘烤，則先放入冰箱冷凍備用，以免軟化。

14 再放入烤箱烘烤20～25分鐘，關火後燜約5分鐘。 ＊不需要上色的餅乾通常溫度會設在165℃，但烘烤時間需要拉長。

15 取出烤好的餅乾，放置烤盤冷卻至室溫後進行裝飾。

· 裝飾 ·

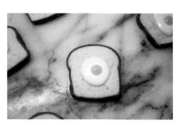

16 製作糖霜，純糖粉、蛋白霜粉混合，慢慢加食用水調整濃稠度，再舀於餅乾中心處。

17 剩餘的糖霜混合黃色食用色素，調色即為蛋黃糖霜。

18 蛋黃糖霜擠於蛋白中心處即為蛋黃，完成仿真蛋吐司餅乾。

萬聖節搞怪手指餅乾
Halloween Finger Cookies

保存：室溫 7～10 天
份量：20 根

萬聖節比較開心的應該是小朋友，可以得到不少的糖果餅乾。位在台北天母的店家還特別集體配合活動為討糖的孩子們準備豐富敲門禮。這款餅乾是特別替特教孩子烘焙的手指餅乾，有點嚇又不會太嚇，好吃方便攜帶的應景小物，深獲小朋友們喜愛。

材料 Ingredients

· 麵團 ·

中筋麵粉	260g
杏仁粉	20g
純糖粉	100g
鹽	1g
無鹽發酵奶油	100g
香草豆莢醬	1g
全蛋	55g

· 裝飾 ·

蛋白	30g
去皮杏仁豆	20個
蛋黃	25g
食用紅色色粉	適量

製作前準備

· 無鹽發酵奶油、全蛋可從冷藏取出後直接使用。
· 烤箱以175℃預熱。

作法 Step by Step

· 麵團 ·

1 中筋麵粉、杏仁粉、純糖粉和鹽混合過篩於材料盆中。 ＊奶油和糖都只占粉類約35%，所以完成的餅乾是比較脆硬型的，不是軟骨頭。

2 加入香草豆莢醬、全蛋拌勻，再加入奶油，切拌成小米粒狀。

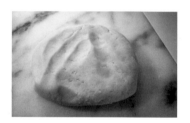

3 麵團包覆保鮮膜，放入冰箱冷藏約30分鐘。 ＊這道餅乾麵團冷藏即可，方便後續塑型。

4 麵團分割成20等份、每份約27g。 ＊完成後的麵團，如果感覺有些乾，可以加少許鮮奶調整。

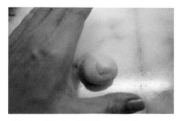

5 每份小麵團用手掌虎口搓圓。 ＊這道餅乾麵團水分不多，很容易操作。

6 搓長約中指的長度。

· 組合裝飾 ·

7 麵團間隔排列在矽膠墊上（或烘焙紙上）。

8 準備貼上指甲，將指尖位置的麵團輕壓一下。

9 在指尖處塗上少許蛋白。

10 杏仁豆一面塗上少許蛋白，貼在指尖處的麵團上。＊杏仁豆貼合時，可使用少許蛋白當黏著劑。

11 完成所有杏仁豆貼合。＊配方中使用去皮的杏仁豆，有皮也可以。

12 用水果刀的刀背輕輕按壓出指節痕跡。

· 烘烤 ·

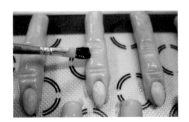

13 完成所有指節造型。

14 塗上打散的蛋黃，可增加色澤及香氣。

15 放入烤箱烘烤30分鐘。＊烘烤中途可視烤箱特性，將烤盤轉向均勻受熱。

16 取出烤好的餅乾，每根都沒變形，屬於硬挺的奶油餅乾。

17 趁熱均勻塗上紅色色粉，增加萬聖節特色。＊待完全冷卻，就可裝入密封罐或密封袋。

Q1 **麵團比較鬆不好搓，怎麼辦？**

麵團可再次揉圓變稍緊實後可以改善；或是和另一個麵團混合再分割，也可以改善不好搓的狀況。

奶油糖類

餅乾配方中使用奶油、糖為主軸，
最經典的代表即是「蘇格蘭奶油酥餅」。
運用奶油、糖使用的點心，
強調奶油的香氣，以及結合粉類後的麥香，
入口後逐漸鬆化開來，而且口感相當討喜。

———— 材料主元素 ————

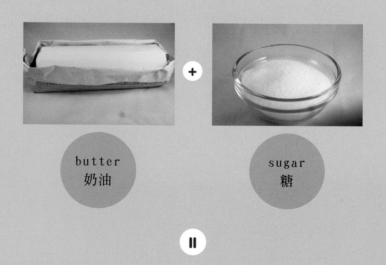

butter
奶油

sugar
糖

酥鬆奶香

焦糖牛奶冰淇淋餅乾
Caramel Ice Cream Cookies

保存：室溫 7 天
份量：10 顆

記憶中有一個位子存放著從小就愛戀的零食，小盒子裡的「牛奶糖」
占據其中之一。焦糖的醇香及牛奶的味道，組合出令人迷戀的滋味，
入口後慢慢化開，值得細細品味。

下一頁

材料 Ingredients

· 麵團 ·

無鹽發酵奶油	125g
純糖粉	55g
玫瑰鹽	1g
中筋麵粉	175g
杏仁粉	35g
市售焦糖餅乾	7片
市售牛奶糖	3顆

製作前準備

· 無鹽發酵奶油放於室溫20～30分鐘，待軟化成膏狀
· 烤箱以165℃預熱。

作法 Step by Step

· 麵團 ·

1 準備餅乾麵團材料。　＊焦糖餅乾可增加口感，牛奶糖則添風味。

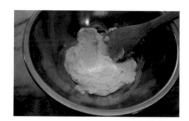

2 用木匙將變軟的奶油攪拌均勻。

3 純糖粉、玫瑰鹽過篩於作法2鋼盆。　＊攪拌過程中可用橡皮刮板整理鋼盆的邊緣，讓材料往內集中並充分拌勻。

4 將中筋麵粉篩入作法3材料盆中。

5 再加入杏仁粉。　＊杏仁粉若有結塊可先過篩。

6 用橡皮刮板將材料拌勻。

7 再放入切小塊的焦糖餅乾、牛奶糖。

8 充分拌勻成細粒麵團。

9 用冰淇淋挖杓取適量麵團入杓內。 ＊可以透過冰淇淋挖杓協助整型。

10 以指腹稍微將麵團壓平整即可，太緊則紋路會不見。 ＊用指腹稍微壓實，麵團才不會散開，每球完成後大約40g。

11 冰淇淋挖杓以壓放方式將麵團鬆開，繼續完成另外9顆餅乾麵團。

12 將麵團間隔排入已鋪矽膠墊的烤盤。

13 放入冰箱冷藏約15分鐘定型。

· 烘烤 ·

14 接著放入烤箱烘烤25～28分鐘，取出後放在烤盤內冷卻即可。 ＊低溫長時間烘烤，可維持餅乾完整形體。烘烤中途可視烤箱特性將烤盤轉向，幫助均勻受熱。

Q1 麵團表面紋路清晰的方式？

麵團紋路需要清晰，可以用冰淇淋挖杓採「耙」的方式，由外向內平挖將麵團弄鬆，再分次挖入杓內，不必壓太緊實。

伯爵茶包酥餅
Earl Grey Tea Bag Cookies

 保存：室溫 7 ～ 10 天
份量：27 片

媽媽：「妳要吃茶包酥餅嗎？」女兒：「什麼是茶包酥餅？」……日常生活中，你會想要帶給家人一些不一樣的小驚喜嗎？就從伯爵茶包酥餅下手吧！巧思之下，簡約生活中也可以創造令人尖叫的驚喜！

 材料 Ingredients

· **麵團** ·

無鹽發酵奶油	125g
上白糖	25g
三溫糖	22g
香草糖	8g
玫瑰鹽	0.5g
低筋麵粉	175g
伯爵茶粉	8g
鮮奶	10g

製作前準備

· 準備吸管、竹籤各1支。
· 無鹽發酵奶油放於室溫20～30分鐘，待軟化成膏狀。
· 烤箱以165℃預熱。

作法 Step by Step

· **麵團** ·

1 準備餅乾麵團材料。

2 用木匙將軟化的發酵奶油攪拌均勻。

3 加入過篩的上白糖、三溫糖、香草糖和玫瑰鹽，用木匙拌勻。　＊木匙攪拌時具摩擦力，更方便混合材料。

4 攪拌過程中記得刮盆，讓所有材料攪拌均勻。

5 加入過篩的低筋麵粉、伯爵茶粉。

6 用軟質橡皮刮板將材料，切拌均勻。

7 分次慢慢添加鮮奶，拌合成團。 ＊鮮奶可依麵團乾濕狀態酌量增減，用來調整麵團濕度。

8 將拌好的麵團倒在桌面，用硬質橡皮刮板將麵團按壓成團。

9 麵團對切後堆疊，重複操作可增加層次。

10 將麵團塑型成長方形。

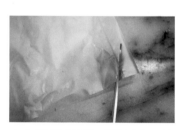

11 塑膠袋剪1個缺口，放入麵團。

12 用擀麵棍擀平約長27×寬16cm，冷凍約3小時備用。

· 切割 ·

13 拿長尺量出茶包長寬，每個約長5×寬3cm，並做記號。

14 切割出約3cm寬度的麵團。 ＊如果麵團太軟，可放置冰箱冷凍5〜10分鐘再進行切割步驟。

15 切割出約5cm長度的餅乾麵團。

16 切割茶包頂端斜角。

17 茶包餅乾麵團間隔鋪於矽膠墊上。

18 用稍硬的吸管戳出茶包穿線孔。 ＊在麵團戳出穿線孔的吸管必須有些硬度，以免吸管變形。

· 烘烤 ·

19 再放入冰箱冷凍約15分鐘備用。

20 放入烤箱烘烤20～25分鐘。 ＊低溫烘烤，讓餅乾形體顏色達到理想狀態。

21 取出烤好的餅乾，趁熱利用竹籤疏通穿線孔。

22 使用磨皮器輕輕磨餅乾，可清除毛邊。

牛寶寶餅乾
Cutie Cow Cookies

保存：室溫 7 天
份量：12 隻

馬鈴薯粉有著較強的吸水性，適合做立體造型餅乾。用木匙持續攪拌讓餅乾麵團材料混合後，再慢慢地規劃每隻牛的表情位置，可愛的牛寶寶隨即被我們的巧手完成。

材料 Ingredients

· 麵團 ·

無鹽發酵奶油	125g
純糖粉	50g
玫瑰鹽	1g
香草豆莢醬	0.5g
馬鈴薯粉	100g
中筋麵粉	110g
全脂奶粉	15g

· 食用色膏 ·

粉紅色	適量
咖啡色	適量
黑色	適量

· 裝飾 ·

黑芝麻粒	24粒

製作前準備

· 準備竹籤、吸管各1支。
· 無鹽發酵奶油放於室溫20～30分鐘，待軟化成膏狀。
· 烤箱以150℃預熱。

作法 Step by Step

· 麵團 ·

1 準備餅乾麵團材料。

2 用木匙將軟化的發酵奶油攪拌均勻。

3 加入過篩的純糖粉、玫瑰鹽，繼續拌勻。

4 將過篩的馬鈴薯粉、中筋麵粉和奶粉倒入作法3材料盆中。

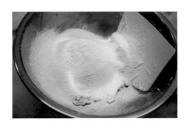

5 用橡皮刮板將所有材料拌合均勻。

6 拌成無乾粉的麵團備用。

7 取18g麵團共12份，分別滾圓即為身體。

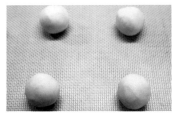

8 另外取4塊麵團進行色膏調色，12g、12g、18g、24g。 ＊計算牛隻身體麵團需要的公克（g）數後，剩餘做為裝飾。

· 調色 ·

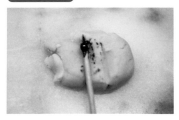

9 依序為12g（原色），第二個12g麵團加粉紅色揉勻。 ＊調色時，少量色膏慢慢添加，調整至喜歡的深淺，勿一開始加太多。

 Q1　馬鈴薯粉和馬鈴薯澱粉的差異？

馬鈴薯粉（potato flour）是由整個去皮的馬鈴薯製成的，經過煮熟、乾燥脫水後磨碎成米黃色細粉，富含纖維、蛋白質和香氣。馬鈴薯澱粉（potato starch）則從壓碎的馬鈴薯中洗出澱粉質，接著乾燥成細緻的亮白色粉末，是純淨的無味澱粉。

10 取18g麵團加咖啡色揉合均勻。

11 取24g麵團加黑色揉合均勻。 ＊裝飾深色麵團貼合，請注意手部乾淨與清爽度。

12 將4種顏色麵團包覆保鮮膜備用。

・組合裝飾・

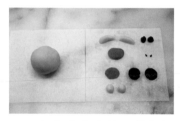

13 每隻牛寶寶需要的各部位麵團，如圖。

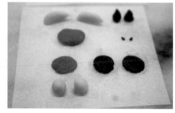

14 組合裝飾麵團前，雙手或麵團先抹少許食用油。 ＊操作過程，若感覺麵團較乾，可沾上少許清水或食用油調整濕度。

15 取原色麵團約0.3g×2份，做牛耳朵。

16 取粉紅色麵團約0.5g做牛嘴巴。

17 取黑色麵團約0.2g做2個牛角。

18 取咖啡色麵團約0.2g做牛斑。

19 取黑色麵團各約0.2g做兩側牛斑。

20 使用竹籤輔助裝飾麵團及固定。

21 竹籤沾水點上黑芝麻粒做眼睛，黑芝麻粒尖頭朝上擺放後輕壓固定。

22 取原色麵團各約0.2g做牛腳。

23 牛腳固定並黏合在牛身體底部。

24 用竹籤尖部在粉紅色口鼻區戳出鼻孔。

· 烘烤 ·

25 用較硬的粗吸管傾斜壓出微笑嘴型。

26 全部牛寶寶麵團完成組合裝飾後，間隔鋪於矽膠墊上。

27 矽膠墊移入烤盤，放入烤箱烘烤25 分鐘。

28 取出烤好的牛寶寶餅乾，在烤盤內冷卻。

29 可看到餅乾底部烤色均勻、酥鬆質地。

30 剩餘麵團可聚集成團。

31 混合揉成迷彩麵團。

32 接著分割成每份18g，以同樣的烤溫和時間，烘烤至熟。

咖啡蕾絲酥餅

保存：室溫 3 ～ 5 天
份量：8 吋 1 片

Coffee Petticoat Tails Shortbread

咖啡加入餅乾麵團，很容易令大家進入優雅的午茶模式，運用蕾絲襯紙及撒滿防潮糖粉，一大盤英式午茶點心與三五好友共享，好不愜意啊！

材料 Ingredients

・麵團・

無鹽發酵奶油	125g
上白糖	50g
鹽	0.5g
低筋麵粉	125g
玉米粉	50g
細粉末即溶咖啡粉	6g

・裝飾・

防潮糖粉	5〜7g

製作前準備

・準備蕾絲襯紙、1支竹籤。
・無鹽發酵奶油放於室溫20〜30分鐘，待軟化成膏狀。
・烤箱以180℃預熱。

作法 Step by Step

・麵團・

1 無鹽發酵奶油用電動攪拌器攪打至絨毛狀。

2 記得用橡皮刮刀刮盆，讓材料攪拌均勻。

3 加入過篩的上白糖、鹽，繼續攪拌均勻。

4 攪拌器摩擦帶入空氣使奶油蓬鬆。

5 用橡皮刮刀將材料向盆中集合。

6 將低筋麵粉、玉米粉和咖啡粉過篩於作法5中。

7 橡皮刮板以切拌方式將所有材料拌勻。

8 拌勻成無乾粉的麵團。

9 取出麵團放在鋪保鮮膜的桌面。

10 蓋上另一張保鮮膜。

11 用擀麵棍擀成直徑約22cm的圓形。

12 蕾絲襯紙鋪於麵團上，檢查大小需一致。

Q1 麵團加玉米粉的口感？

麵團中添加玉米粉，可以降低麵粉筋度，增加餅乾酥鬆口感。

13 撕除上層保鮮膜。

14 以拇指與食指指尖在麵團邊緣捏出尖角裝飾。

15 依序完成整圈裝飾。

16 拿工具尺及竹籤戳洞，將麵團分成8等份。

17 覆蓋保鮮膜後冷凍約30分鐘。 ＊麵團冷凍變硬，後續烘烤較不易變形。

· 烘烤 ·

18 餅乾麵團放於鋪矽膠墊的烤盤，烘烤約25～28分鐘。 ＊烘烤中途可視烤箱特性，將烤盤轉向幫助均勻受熱。

19 取出烤好的餅乾，在烤盤內冷卻。

20 蕾絲襯紙放在餅乾上。

· 裝飾 ·

21 在蕾絲襯紙空洞處篩上防潮糖粉。

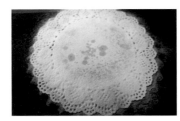

22 盡量篩多些，襯紙移開後可回收未附著的防潮糖粉。

23 防潮糖粉撒多，圖型更加清晰明顯。 ＊整片餅乾分割宜用鋒利刀或主廚專用刀，若刀不利則餅乾麵團容易碎裂。

兔寶寶甘納許夾心餅乾

Strawberry Ganache Shortbread Cookies

保存：室溫 3 ～ 5 天
份量：10 組／取 7 組
　　　做翻糖造型

奶油酥餅顧名思義奶油是主角，表現酥鬆口感。使用優質的無鹽發酵奶油讓操作酥餅成功一大半，至於酥鬆的程度則決定於手作的用心，最終來些華麗的翻糖造型，讓吃餅乾的視覺享受達到顛峰。

材料 Ingredients

・麵團・

無鹽發酵奶油	100g
純糖粉	55g
玫瑰鹽	0.5g
低筋麵粉	160g
香草豆莢粉	0.5g
鮮奶	10g

・簡易翻糖・

棉花糖	24g
食用油	適量
純糖粉	48g
食用水	適量
熟玉米粉	適量

・食用色膏・

粉紅色	適量
黑色	適量
食用黑色筆	1支

・草莓巧克力甘納許・

草莓巧克力（47.3%調溫）	75g
鮮奶	25g～30g
乾燥草莓粒	適量

製作前準備

・準備兔子造型壓模。
・無鹽發酵奶油放於室溫20～30分鐘，待軟化成膏狀。
・烤箱以190℃預熱。

作法 Step by Step

・麵團・

1 準備餅乾麵團材料。

2 用木匙將軟化的發酵奶油攪拌均勻。

3 加入過篩的純糖粉、玫瑰鹽，拌勻。　＊使用純糖粉必須過篩，以免結粒影響成品口感。

4 過程中記得用橡皮刮板刮盆，幫助材料攪拌均勻。

5 將低筋麵粉、香草豆莢粉過篩於作法4中。 ＊香草豆莢粉可以香草豆莢醬取代。

6 用橡皮刮板以切拌方式，拌合均勻。

7 慢慢倒入鮮奶拌勻，並調整麵團濕度。

8 拌勻成無乾粉的麵團。

9 塑膠袋底部剪個小洞。

10 將麵團放入塑膠袋內。

11 用擀麵棍將麵團擀成厚度約0.4cm片狀。

12 麵團放入冰箱冷凍約3小時。

· 壓模 ·

13 從冰箱取出麵團，撕除塑膠袋後墊上烘焙紙。

14 兔子造型壓模沾薄薄乾粉放於麵團上，壓出形狀。 ＊壓製餅乾麵團時，麵團仍維持冰冷度，則兔子線條較為清晰。

15 間隔排入鋪烘焙紙的烤盤上，冷凍約15分鐘。＊剩餘麵團集合後，以同樣方式冷凍、壓模、烘烤。

· 烘烤 ·

· 簡易翻糖 ·

16 餅乾麵團間隔排入墊上矽膠墊的烤盤，烘烤約15分鐘。

17 取出烤好的餅乾，在烤盤內冷卻再進行裝飾。

18 製作簡易翻糖，棉花糖若太大可剪成小塊狀。

19 棉花糖倒入抹適量食用油的寬口耐熱容器中。
＊食用油可以換成烤盤油或融化的奶油，主要用途防沾黏。

20 倒入1/3份量過篩的純糖粉。

21 每次微波加熱10秒鐘讓棉花糖融化，並快速攪拌成團。

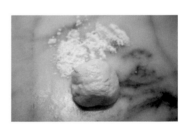

22 將棉花糖團放在剩餘2/3量的純糖粉中。

23 加入適量食用水，大力搓揉成團。 ＊簡易翻糖適合家庭小量製作，糖團微乾時可加入少許食用水調整。

24 若感到糖團會黏手，可以撒些熟玉米粉幫助防沾。 ＊翻糖糖團可包覆保鮮膜或塑膠袋，以免風乾。

25 取2/3份量的翻糖擀開，厚度約0.2cm。

26 兔子造型壓模沾薄薄乾粉放於翻糖上，壓出形狀。

27 輕輕取下，保持兔子形體完整。

28 翻糖背面可沾少許食用水，完成翻糖裝飾。

29 全部臉部造型後，蓋上保鮮膜防止風乾。

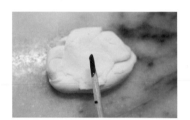

30 剩餘1/3份量的翻糖再取一半，取少量粉紅色色膏點在翻糖中間位置。

31 雙手由外向內揉將翻糖調色。

32 取一些粉紅色翻糖搓圓做兔寶寶鼻子。

33 剩餘原色翻糖以黑色色膏調色。

34 黑色不易調色，需要多幾次加色完成。

35 黑色翻糖取與鼻子翻糖大小接近搓圓，再黏於鼻子兩側成為眼睛。

36 用食用黑色筆輕輕勾勒出可愛的表情睫毛、鬍鬚、嘴型。

·草莓巧克力甘納許·

37 取適量粉紅色翻糖左右向內擠,做成小小的蝴蝶結造型。

38 準備調溫草莓巧克力、鮮奶。

39 草莓巧克力微波加熱融化後,加入溫熱鮮奶。 ＊甘納許所使用的鮮奶必須加熱,再與草莓巧克力拌勻即可。

·夾心·

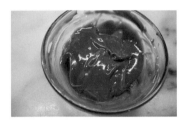

40 等待1分鐘後利用橡皮刮刀拌勻,即為草莓巧克力甘納許。

41 再裝入擠花袋,先勾勒餅乾背面線條。 ＊甘納許醬裝入擠花袋,可均勻擠至餅乾上。

42 擠滿整個餅乾底部。

43 加上乾燥草莓粒提升風味。

44 造型面餅乾貼上即完成餅乾裝飾,兔子造型模為4.5×6cm,可完成10組的夾心。

Q1 **製作巧克力甘納許的重點?**

製作巧克力甘納許時,溫熱的鮮奶倒入融化巧克力中,必須等待1分鐘後再攪拌均勻。如果鮮奶太熱或是兩種材料溫度未達相近時攪拌,則可可脂容易從固體中分離出來而造成油水分離。

蛋白糖類

餅乾配方中以蛋白、糖為主，
加入蛋白達到酥脆口感的效果。
另外單以蛋白、糖二者巧妙搭配運用，
也可以產生外酥內軟的美味點心。

材料主元素

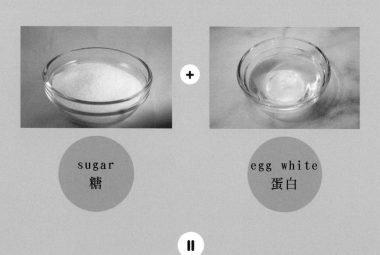

sugar
糖

egg white
蛋白

外脆內軟

聖誕花圈餅乾
Christmas Wretch Cookies

保存：室溫 7 ～ 10 天
份量：12 片

記得家中孩子小時候都期待著聖誕節，因為聖誕樹下有禮物，一大早就把自己心愛的襪子掛在聖誕樹下等著收禮物。看著孩子們那種殷殷期盼的模樣著實可愛，若爸媽能準備一些聖誕花圈餅乾更加應景吧！

材料 Ingredients

· 麵團 ·

無鹽發酵奶油	100g
純糖粉	45g
玫瑰鹽	0.5g
香草豆莢醬	1g
蛋白	15g
鮮奶	6～8g
低筋麵粉	105g
杏仁粉	15g

· 裝飾 ·

白巧克力（非調溫）	100g
食用彩色糖珠	適量

製作前準備

· 無鹽發酵奶油放於室溫20～30分鐘，待軟化成膏狀。
· 蛋白放於室溫回溫。
· 烤箱以150℃預熱。

下一頁

作法 Step by Step

· 麵團 ·

1 準備餅乾麵團材料。

2 用木匙將軟化的發酵奶油攪拌均勻。

3 加入過篩的純糖粉、玫瑰鹽,繼續拌勻。

4 再加入香草豆莢醬拌勻,分次加入打散的蛋白,確實拌勻。

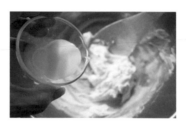

5 分次倒入鮮奶,攪拌均勻。＊鮮奶可先拌入3g,用量視麵團軟硬度決定,若麵團已乾爽成團,則鮮奶不需全部加入。

6 加入過篩的低筋麵粉、杏仁粉。

· 擠花 ·

7 用橡皮刮刀將材料切拌成團。

8 攪拌至無乾粉的麵團。

9 準備小型8齒花嘴,裝入硬質擠花袋中。＊花圈餅乾擠花適合使用較小的花嘴,大花嘴容易讓餅乾烘烤後攤得太開。

Q1 **天氣溫度會影響麵團的攪拌狀態?**

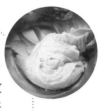

天氣溫度不同,則擠花餅乾麵團攪拌時間也有些許差異。夏天氣溫高,奶油軟化較快、操作時間宜短,以免奶油過軟而影響擠花效果。反之,冬天氣溫低時,奶油軟化時間需長一些,所以盡早將奶油放室溫回軟,方便操作。

10 先取麵團1/3量裝入擠
花袋，袋口轉緊。 ＊擠
花袋勿裝太多麵團，不好使力，
建議可先使用1/3量即可。

11 以直徑6cm圓模沾薄薄
乾粉。 ＊花圈直徑約5～
6cm較爲恰當。

12 沾上粉的圓模在矽膠墊
上壓出12個圓圈，做記
號備用。

13 擠花嘴輕輕沿著乾粉圓
圈擠出8～9個小花形。

14 為求花形好看，每擠1
個小花則矽膠墊順著圓
圈形狀輕轉1次。

· 烘烤 ·

15 先低溫150℃ 烤約15分
鐘，再升溫至170℃繼
續烤8～10分鐘。 ＊先以低溫
烘烤讓餅乾定型，之後升溫烤
上色，可以保持美麗的花型。

· 裝飾 ·

16 取出烤好的餅乾，在烤
盤冷卻後再裝飾。

17 非調溫白巧克力加熱融
化。 ＊巧克力融化方法
見P.016。

18 冷卻後的餅乾沾上適量
融化白巧克力。

19 再放於涼架上，撒上彩
色糖珠裝飾。

20 白巧克力凝固後，就可
以放入密封盒。

達克雪人餅乾

Fleurde Sel Dacquoise Snowman

保存：冷藏 3～5 天
份量：6 組

巴黎街道上的甜點店經常可見達克瓦茲的蹤跡，它是經典的法式甜點，利用蛋白加入糖打發帶入滿滿的空氣，混合堅果粉後烘烤，甜滋滋的蛋白糖和堅果香氣成就美味來源。從法國出發來到亞洲的達克瓦茲，變得輕巧可愛，各式各樣的造型裝飾，滿足喜歡吃甜點的饕客。

材料 Ingredients

· 蛋白麵糊 ·

蛋白	80g
塔塔粉	1g
玫瑰鹽	0.3g
上白糖	45g
低筋麵粉	20g
杏仁粉	60g
純糖粉	20g

· 花生奶油霜 ·

無鹽發酵奶油	40g
純糖粉	12g
鮮奶	12g
柔滑細粒花生醬	40g

· 夾心 ·

焦糖醬（作法見P.035）	18g
鹽之花（或鹽）	0.5g

· 裝飾 ·

黑巧克力（非調溫）	20g
食用紅色色粉	適量

製作前準備

· 準備小的橢圓形模或達克瓦茲空心模。
· 無鹽發酵奶油放於室溫20～30分鐘，待軟化成膏狀。
· 蛋白放於室溫回溫。
· 烤箱以200℃預熱。

作法 Step by Step

· 蛋白麵糊 ·

1 蛋白和塔塔粉放入材料盆，以攪拌器中高速攪打約1分鐘至濕性發泡。 ＊打發蛋白所使用的容器必須乾淨無油脂，以免影響打發程度。

2 分3次加入上白糖攪打，每次間隔約30秒鐘。 ＊分次加糖打發的蛋白霜相對細緻。

3 用電動攪拌器攪打至蛋白霜紋路明顯即將完成。

4 最後以慢速攪打30秒鐘，釋放多餘空氣。

5 完成的蛋白霜硬挺不滑落即可。

6 分2次加入過篩的低筋麵粉、杏仁粉和玫瑰鹽，用橡皮刮刀輕輕拌勻。

7 麵糊攪拌至提起橡皮刮刀呈現倒三角即可，勿攪拌過度。

8 將麵糊裝入擠花袋中。

· 入模 ·

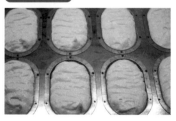

9 適量擠入空心橢圓形模中即可。

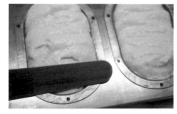

10 用抹刀將麵糊抹平，回收多餘麵糊。

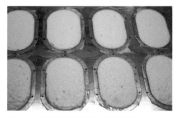

11 抹平的麵糊表面平整。

12 將純糖粉均勻過篩於麵糊表面。

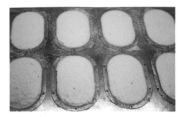

13 等待1～2分鐘讓純糖粉被吸收。

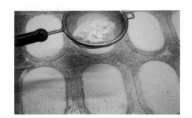

14 再次均勻篩上純糖粉。＊烘烤前在麵糊上過篩純糖粉，烘烤後形成脆殼。

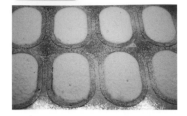

15 放入烤箱烘烤10～12分鐘，烤8～9分鐘時可將烤盤轉向。 ＊烤箱高溫烘烤，可讓這道甜點製造出水珠效果。

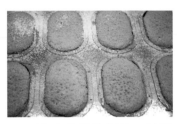

16 取出烤好的餅乾，放置烤模冷卻至室溫。

17 脫模後將餅乾放於涼架上，待完全冷卻再進行裝飾。

·花生奶油霜·

18 軟化的奶油和純糖粉攪打均勻。

19 分次加入鮮奶攪打均勻。 ＊花生奶油霜的鮮奶慢慢添加，以免過稀造成擠製線條不夠立體。

20 再加入花生醬拌勻。

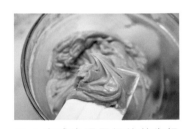

21 完成光滑柔細的花生奶油霜。

Q1　塔塔粉用途？

塔塔粉是帶酸性的天然白色粉末，也是烘焙的酸性劑，最常用來幫助蛋白打發、平衡蛋白中的鹼性，使其更容易膨脹、點心顏色也更漂亮。

· 組合 ·

22 再裝入套上8齒擠花嘴的擠花袋中備用。

23 餅乾面朝下準備裝飾。

24 花生奶油霜順著餅乾邊緣擠1圈約12g。

25 空心位置舀入約3g焦糖醬。

26 焦糖醬內撒上少許鹽之花。

27 蓋上另一片餅乾。

· 裝飾 ·

28 黑巧克力融化後取少許加入紅色色粉畫上嘴巴，接著黑巧克力在表面裝飾。 ＊巧克力融化方法見P.016。

29 紅色色粉裝飾雙頰即完成。 ＊達克瓦茲餅乾以冷藏方式保存，保持新鮮度。

Q2 使用達克瓦茲空心模烘烤的方式？

麵糊亦可填入其他造型達克瓦茲空心模，篩入糖粉及烘烤步驟相同，必須完全冷卻後再脫模。使用達克瓦茲空心模擠麵糊，記得底部先鋪上烘焙紙。

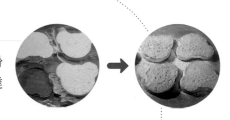

椰子蛋白霜餅乾棒
Coconut Meringue Sticks

保存：室溫 3 ～ 5 天
份量：36 支

家裡有過多的蛋白嗎？做蛋白棒棒吧！馬林糖來自 meringue 的譯音，發源自歐洲，甜味且輕盈具空氣感是主要特色。在歐洲許多國家以不同的色彩裝飾完成馬林糖，繽紛的顏色十分討喜受歡迎。將馬林蛋白霜擠在現成的餅乾棒上烘烤，解除甜膩感之外，更充滿 party 的氛圍。

 材料 Ingredients

· 蛋白霜 ·

蛋白	100g
純糖粉	140g
玫瑰鹽	0.5g

· 食用色膏 ·

粉紅色	適量
酒紅色	適量
藍綠色	適量
黃色	適量

· 其他 ·

椰子粉	70～90g
市售餅乾棒（13×1cm）	36支

製作前準備

· 蛋白放於室溫回溫。
· 烤箱以90℃預熱。

作法 Step by Step

· 蛋白霜 ·

1 蛋白放入料理盆，加入過篩的純糖粉、玫瑰鹽。
＊使用純糖粉比細砂糖省時。

2 用打蛋器將盆中材料稍微混合。 ＊攪打蛋白霜器具需乾燥無油脂，以免影響打發。

3 材料盆放置熱水鍋上，隔水加熱至糖融化。

4 蛋白糖漿溫度約70℃即可移開熱水鍋。

5 攪拌器迅速以高速攪打均勻。

6 蛋白霜攪打約3～5分鐘至紋路明顯。

· 調色 ·

7 蛋白霜溫度接近室溫且掛住攪拌器即完成。

8 準備食用色膏及竹籤。

9 蛋白霜分成4等份，每份約55g。

10 竹籤沾上適量食用色膏進行調色。

11 用橡皮刮刀分別拌勻各色蛋白霜。

12 取直徑1cm平口擠花嘴套入擠花袋。

· 組合裝飾 ·

13 擠花袋套入口徑適中的容器。

14 將彩色蛋白霜裝入擠花袋中。

15 椰子粉倒入長方形容器備用。

16 市售餅乾棒準備好。

17 餅乾平行插入擠花嘴約10cm處。

18 順勢均勻施力擠出彩色蛋白霜。

19 接著在椰子粉堆輕輕沾附均勻。

20 同樣的步驟完成各色蛋白霜擠製與沾附椰子粉。

21 彩色蛋白棒平均放置鋪矽膠墊的烤盤。

· 烘烤 ·

22 放入烤箱，低溫烘烤120分鐘。 ＊低溫長時間烘烤，可達到酥脆效果。

23 取出烤好的蛋白霜餅乾棒，在烤盤冷卻。

Q1 **瑞士蛋白霜是什麼？**

瑞士蛋白霜（swiss meringue）是蛋白與純糖粉或砂糖一起隔水加熱至70℃後再打發。瑞士蛋白霜的穩定度高，非常適合做蛋白糖或是蛋糕表面裝飾，本書採用此蛋白霜操作方式。蛋白靠蛋白質連結來包覆空氣，油脂會妨礙蛋白質相互連結，打發蛋白時需要注意所使用的器具必須無油脂殘留。

萬聖節鬼鬼蛋白霜酥餅
Trick or Trick Halloween Meringue Cookies

保存：室溫 3 ～ 5 天
份量：20 個

每年的 10 月 31 日為「萬聖節之夜」，孩子們都會迫不及待地穿上五顏六色的化妝服，戴上千奇百怪的面具，提著一盞南瓜燈走家竄戶，向大人們索取糖果餅乾，而且不忘說句「trick or treat」（不給糖，就給你搗蛋）。擠出鬼鬼造型的蛋白霜烘烤成酥餅，加上色彩繽紛的眼睛裝飾，孩子們肯定歡喜。

材料 Ingredients

· 蛋白霜 ·

蛋白	120g
塔塔粉	1g
純糖粉	200g
香草豆莢醬	1g

· 食用色膏 ·

粉紅色	適量
酒紅色	適量
藍綠色	適量
黃色	適量
棕色	適量

· 裝飾 ·

食用糖珠	適量

製作前準備

· 蛋白放於室溫回溫。
· 烤箱以105℃→75℃預熱。

作法 Step by Step

· 蛋白霜 ·

1 蛋白與塔塔粉放入材料盆中，以中高速攪打約1分鐘至濕性發泡。

2 分3次加入純糖粉，繼續以中高速攪打。＊純糖粉用量較多，分次加入攪打較均勻細致。

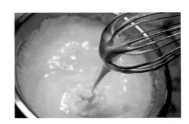

3 觀察攪拌器的蛋白霜狀態，一提起就滑落表示還不行，繼續努力攪打。

4 當蛋白霜變得黏稠滑落速
度變慢，再打一段時間
蛋白霜變光滑不掉落即可。
＊蛋白霜掛在攪拌器不掉落爲
判斷外，或拾起一些蛋白霜搓
一搓，感覺純糖粉融化即可。

5 加入適量的香草豆莢醬
拌勻，減少蛋腥味。

6 將直徑1cm平口擠花嘴套
入擠花袋，蛋白霜裝入擠
花袋中。

・烘烤・

7 擠花袋以擠、拉高、收
的方式擠到鋪烘焙紙的
烤盤，共20個。 ＊擠到想
要的高度前慢慢放開手擠的力
量，擠花袋向上提起。

8 放入烤箱以低溫烘烤約2
小時。 ＊蛋白霜酥餅需要
以低溫長時間烘烤徹底、烤乾
烤酥，否則會黏黏的。

9 蛋白霜酥餅完成烘烤並在
烤箱中冷卻約30分鐘，
取出。 ＊烤好後連同烤盤在烤
箱裡冷卻，烤箱門可打開一小
縫通風。

・調色・

10 蛋白霜酥餅底部不沾
黏、徹底烤乾，成品
就不會回潮。

11 剩餘蛋白霜平均裝入5
個容器中。

12 接下來的步驟是蛋白霜
調色，準備喜歡的色膏
顏色。

Q1　探針調色蛋白霜方法？

可使用探針沾上食用色膏爲蛋白霜調色，若需再
次調色只需將探針洗淨後擦乾（也比較環保），
可再次沾上色膏調色。

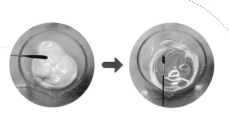

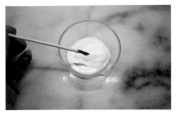

13 竹籤沾上少許食用色膏，開始調色。

14 只需將食用色膏在蛋白霜中拌勻即可。

15 若感到理想顏色不足，需再以新的竹籤沾上色膏調色。

16 調色完成後將蛋白霜裝入擠花袋備用。

17 也可透過2種顏色調出另一色，比如黃色加上紅色可調出橘色。

18 完成全部的蛋白霜調色步驟。

· 裝飾 ·

19 調色蛋白霜擠在酥餅上，裝飾成眼睛。

20 糖珠裝飾成眼珠。

21 糖珠放置可使用小型夾子協助。

· 烘烤 ·

22 裝飾完成後，以75℃烘烤約30分鐘，讓眼睛乾燥。 ＊完成的蛋白霜酥餅外酥內軟，存放在密封盒中保存。

蛋糕的組織和風味千變萬化，

有綿密、紮實、蓬鬆質地，富含果香、奶香、酒香、巧克力……

本篇教你發揮小巧思，讓蛋糕更溫馨浪漫、生動活潑，

比如可愛爆棚的粉紅豬甜甜圈蛋糕、

浪漫的法式婚禮檸檬瑪德蓮，以及仿真的蘋果奇想蛋糕等，

讓我們用造型蛋糕豐富生活和療癒心情吧！

Chapter

3

超萌造型蛋糕

A

瑪德蓮 & 費南雪

屬於常溫型蛋糕的瑪德蓮、費南雪，

口感綿密紮實，是最容易學會的經典法式點心。

瑪德蓮的明顯外觀在於高溫烘烤後凸起肚子，

以及大部分使用貝殼形狀烤模呈現美麗的線條，

最具代表風味為「檸檬瑪德蓮」，廣受全球甜點師分享。

費南雪如同金磚般的造型，操作重點於需要煮製「焦香奶油」，

滿溢榛果奶油香氣，讓點心韻味十足且多層次。

好看又好吃的甜點

 ✚  ✚

貓頭鷹巧克力橙皮瑪德蓮　　　法式婚禮檸檬瑪德蓮　　　開心果肉球費南雪

‖

綿密紮實

咖啡櫻花煙捲費南雪
Coffee Sakura Financier

保存：室溫 3 ～ 5 天
份量：12 支

看到櫻花的時候表示春天的腳步也接近了，除了可觀賞之外，櫻花
也可以加以鹽漬入烘焙點心，賞心悅目之餘更可以食用。鹽漬櫻花
加上現代人無法離手的咖啡飲品，將創造驚喜滋味！

下一頁

材料 Ingredients

· 麵糊 ·

無鹽發酵奶油	75g
杏仁粉	95g
低筋麵粉	50g
玉米粉	7g
細粉末即溶咖啡粉	6g
三溫糖	65g
上白糖	40g
鹽	1g

蛋白	150g
蜂蜜	15g

· 裝飾 ·

鹽漬櫻花	24朵

製作前準備

· 準備煙捲蛋糕模6入裝。
· 蛋白放於室溫退冰。
· 烤箱以220℃預熱。

作法 Step by Step

· 麵糊 ·

1 準備蛋糕麵糊材料。

2 奶油放入厚底鍋,以小火煮至產生焦香味,關火保持溫度約45～50℃備用。 ＊奶油加熱溫度較高,小心操作,詳細加熱過程可見P.123。

3 將杏仁粉、低筋麵粉、玉米粉和咖啡粉過篩於材料盆。 ＊細粉末咖啡粉,比較方便且快速溶解。

4 接著加入三溫糖、上白糖和鹽。

5 用手持打蛋器將盆中的材料混合拌勻。

6 加入打散的蛋白,拌勻。

Q1 添加蜂蜜的小撇步?

將材料盆放在電子秤上,扣除重量後再倒入蜂蜜,避免入容器時造成材料損耗。

7 倒入蜂蜜繼續拌勻。

8 最後慢慢加入冷卻的焦香奶油，邊加邊拌勻。

9 完成的蛋糕麵糊覆蓋保鮮膜，冷藏至隔天使用。
＊冷藏後的麵糊，回溫後烘烤能讓糕體更細緻。

· 入模 ·

10 取出麵糊，靜置20分鐘回溫，再裝入擠花袋準備烘烤。

11 鹽漬櫻花以清水沖洗，去除鹽分後泡於清水約15分鐘，鋪於廚房紙巾吸乾水分。　＊鹽漬櫻花鹹度高，建議先用清水洗過並浸泡。

12 準備不沾煙捲蛋糕模，每一槽鋪上2朵鹽漬櫻花。　＊若使用非防沾黏材質的烤模，先抹一層奶油及撒粉。

· 烘烤 ·

13 平均擠入麵糊，每一槽約36g，再放入烤箱烘烤10～12分鐘。

14 戴上隔熱手套取出烤好的蛋糕。　＊烘烤中途可視上色狀態，適時將烤盤轉向幫助均勻受熱。

15 趁熱輕輕一敲後立即倒扣，蛋糕即可離模。

16 放置涼架上待冷卻，即可密封保存。

Q2　為什麼烤好的蛋糕顏色有深淺？

麵糊在烤箱溫度時間雖然相同，但烤盤在烤箱位置不同所造成的上色程度則不一樣，烘烤中途可以適度將烤盤轉向換位置，使蛋糕受熱更均勻。

111

保存：室溫 3 ～ 5 天
份量：36 個／取 12 個做造型

貓頭鷹巧克力橙皮瑪德蓮 ✦
Owl Chocolate Orange Madeleines

濃郁的巧克力搭配天然香氛的橙皮，讓風味層次提升，入口後的幸
福感受無法形容。完美的迷你瑪德蓮除了口味極致之外，利用些許
市售點心加以變化，使造型別有一番特色。

⚖️ 材料 Ingredients

· 麵糊 ·

無鹽發酵奶油	120g
全蛋	130g
柳橙皮	1個
上白糖	70g
三溫糖	30g
玫瑰鹽	1g
低筋麵粉	85g
無糖可可粉	23g
無鋁泡打粉	3g
水滴巧克力豆	40g

· 裝飾 ·

迷你奧利奧夾心餅乾	24片
M&M巧克力	12顆
食用糖珠眼睛	24顆

· 黏合 ·

黑巧克力（非調溫）	適量

 製作前準備

· 準備迷你瑪德蓮模12入裝。
· 柳橙表皮洗淨後擦乾。
· 全蛋放於室溫退冰。
· 烤箱以220℃預熱。

🍲 作法 Step by Step

 · 麵糊 ·

1 準備蛋糕麵糊材料。

2 無鹽奶油以隔熱水方式融化，移到桌面。 ＊奶油融化後的溫度不超過50℃，溫度太高會影響蛋糕質地。

3 全蛋打散，磨入柳橙皮，用手持打蛋器攪打均勻。
＊柳橙皮屑和巧克力麵糊攪拌後靜置，風味更明顯。

4 加入過篩的上白糖、三溫糖及玫瑰鹽，繼續拌勻。
＊操作瑪德蓮蛋糕麵糊，只需手持打蛋器即可輕鬆完成。

5 加入過篩的低筋麵粉、可可粉和泡打粉。

6 繼續將盆中材料拌勻。
＊勿攪拌過度，只要拌勻即可，以免出筋。

7 分次倒入融化奶油，邊倒邊用打蛋器拌勻。

8 加入水滴巧克力豆，拌勻。 ＊水滴巧克力豆為耐烤型，烘焙店有售。

9 麵糊完成後，蓋上保鮮膜靜置約20分鐘。 ＊麵糊靜置後會變得濃稠。

· 入模 ·

10 將麵糊裝入擠花袋。

11 平均擠入防沾的迷你瑪德蓮模中。 ＊若購買到非防沾模，則需抹油並撒粉，以免蛋糕脫模時沾黏。

12 將模具拿起後置於墊乾布的桌面，震出空氣。 ＊若使用標準型瑪德蓮模，此麵糊可完成16～18個。

· 烘烤 ·

13 再放入烤盤後進入烤箱，烘烤約10～12分鐘。 ＊烘烤中途可視上色狀況，適度將烤盤轉向幫助均勻受熱。

14 取出烤好的蛋糕，趁熱脫模。 ＊詳細脫模方式請參考「法式婚禮檸檬瑪德蓮」P.119。

15 蛋糕完全冷卻後，才能進行裝飾。

· 組合裝飾 ·

16 準備眼部、鼻子需要的材料，夾心餅乾、M&M巧克力、彩色糖珠。

17 將夾心餅乾剝開，夾心面朝上當作眼睛。

18 糖珠眼睛直接貼在夾心餡上固定。 *糖珠眼睛為可食用糖霜製作，網路烘焙材料店可搜尋購買。

19 完成12對（24顆）眼睛組裝。

20 蛋糕貝殼面朝上放於器具上固定。 *可以使用空的玻璃小燭台固定。

21 將M&M巧克力插入蛋糕中間位置當作鼻子。

22 竹籤沾上融化的黑巧克力，點在眼睛放置。
*巧克力融化方法見P.016。

23 將眼睛餅乾平貼於融化巧克力位置固定，即完成1隻。

24 依序完成另外11隻貓頭鷹瑪德蓮。 *剩餘麵糊大約可烤24個未裝飾的迷你瑪德蓮。

Q1 **麵糊出筋會影響什麼？**

麵粉拌合時常會看見出筋，什麼是出筋？出筋指在加入麵粉攪拌的過程中攪拌過度，造成麵團或麵糊出現彈性而影響點心的口感。餅乾及蛋糕類產品不需要出筋，因此攪拌時必須多留意，勿攪拌過度。

法式婚禮檸檬瑪德蓮
French Classic Madeleines

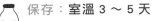

保存：室溫 3 ～ 5 天
份量：14 個／取 6 個做造型

瑪德蓮蛋糕舉世聞名，它的命名很有趣，在其中故事之一提及是由法國宮廷的年輕女傭發明的，當一位很生氣的廚師拒絕準備甜點時，她介入了，國王和他的客人被女傭烘焙的小蛋糕所吸引，最後以她的名字瑪德蓮（Madeleine）命名。不妨花一點巧思在瑪德蓮蛋糕做出新郎、新娘的造型，讓經典更為加分。

材料 Ingredients

·麵糊·		·裝飾·	
無鹽發酵奶油	105g	白巧克力（33%調溫）	80g
上白糖	100g	黑巧克力（70%調溫）	80g
玫瑰鹽	1g	食用彩色糖珠	適量
黃檸檬皮	1個	小花朵翻糖	適量
全蛋	85g		
香草豆莢醬	1g		
低筋麵粉	105g		
無鋁泡打粉	3g		

 製作前準備

· 準備瑪德蓮模8入裝。
· 黃檸檬表皮洗淨後擦乾。
· 全蛋放於室溫退冰。
· 烤箱以225℃預熱。

作法 Step by Step

 **·麵糊·**

1 準備蛋糕麵糊材料。

2 無鹽奶油以隔熱水方式融化，移到桌面。 ＊奶油融化後的溫度不超過50℃，溫度太高會影響蛋糕質地。

3 過篩的上白糖、玫瑰鹽放入容器，磨入檸檬皮，混合拌勻。 ＊藉由混合拌勻的磨擦而產生檸檬香氣，讓蛋糕風味加倍。

  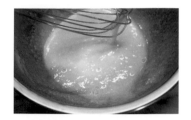

4 全蛋、香草豆莢醬以打蛋器稍微攪打1分鐘。

5 將混合的糖鹽檸檬皮屑加入全蛋汁中,拌勻。

6 攪拌至糖和鹽皆溶解。

7 攪拌到看見蛋糊稍微發泡。 ＊瑪德蓮麵糊不需要打發,僅以打蛋器即可。

8 加入過篩的低筋麵分和無鋁泡打粉。

9 用手持打蛋器將盆中材料攪拌均勻。

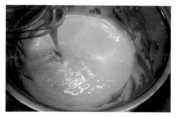  

10 拌勻後麵糊稍微稠狀。

11 接著分次加入融化奶油液,邊倒邊拌勻。 ＊拌入麵糊時的融化奶油液,以40℃最佳,烘烤後質地柔軟細緻。

12 以打蛋器確實將粉類攪拌勻勻。 ＊麵糊不需要靜置,可直接烘烤,利用奶油溫度製造肚臍凸起效果。

・入模・

13 將麵糊裝入擠花袋。

14 將袋口綁好,或利用固定夾封住擠花袋口,避免麵糊滑落。

15 擠花袋口剪小洞後擠入麵糊,每個約27g麵糊。 ＊模具非不沾材質,則需塗上少許軟化奶油及撒粉。

・烘烤・

16 麵糊統一重量擠入模具,烘烤出來的顏色和熟的時間會一致。

17 將模具拿起後置於墊乾布的桌面,震出空氣後烘烤7～9分鐘。

18 戴上隔熱手套取出烤好的蛋糕。

19 高溫短時間烘烤,瑪德蓮蛋糕的肚臍才烤得美又明顯。

20 戴上棉布手套將蛋糕輕輕從側邊脫模。

21 蛋糕側身冷卻,不破壞貝殼及肚臍造型。

Q1 烤箱受熱位置較弱時,如何處理?

家用烤箱加熱過程較難平均受熱到每個位置,或有些地方受熱較弱,當烤完第2盤蛋糕時,剩餘麵糊宜避免填入模具受熱較弱位置。

22 白巧克力分裝2個容器，準備調溫裝飾。

23 取1份白巧克力隔水加熱融化至大約50～54℃，離火。　＊調溫巧克力融化方法見P.016。

24 融化白巧克力和另一份白巧克力混合拌勻。

25 溫度降至28～31℃之間，調溫即完成。

26 刮刀上沾上白巧克力，點出新娘禮服分隔線。

27 繼續沾上白巧克力填滿禮服位置。

28 輕輕抖動，讓多餘的白巧克力回收。

29 運用彩色糖珠、小花朵翻糖裝飾禮服。

30 等待新娘禮服的白巧克力乾燥後，剩餘白巧克力拉出線條造型。

Q2　巧克力簡易調溫法？

使用調溫巧克力披覆，成品光澤度較佳。簡易操作可以一部分巧克力先融化，再加入剩餘巧克力，藉由升溫和降溫的動作達到調溫效果。各家廠牌的巧克力調溫略有差異，可諮詢購買廠商有關理想調溫範圍。

31 刮刀沾上白巧克力，點出新郎襯衫V型。

32 運用刮刀在V型處沾滿白巧克力。

33 完成新郎襯衫裝飾。

34 橡皮刮刀沾上調溫後黑巧克力，填滿剩餘糕體位置。

35 同樣以輕輕抖動方式，讓多餘的融化黑巧克力回收。

36 完成新郎西裝裝飾。

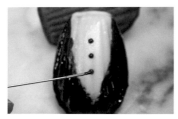
37 探針沾上融化黑巧克力，點出3顆襯衫釦子。

38 探針沾上融化黑巧克力，點出領結。

39 領結處放上糖珠完成裝飾。 ＊非調溫巧克力也可以裝飾，但調溫巧克力具光澤度。

開心果肉球費南雪

Pistachio Cat-Paw Financiers

保存：室溫 3～5 天
份量：12 個

小巧平實的造型、精緻具深度的口感深深擄獲你我味蕾，其中的奧秘在於燒焦奶油的焦香味，以及使用大量的堅果粉，烘烤後酥脆的外殼及柔軟的內部組織令人著迷。費南雪命名說法有二，源自傳統的長方形烤模像金磚、這款小點心流行於法國金融區而得名。

材料 Ingredients

· **麵糊** ·

無鹽發酵奶油	100g
蛋白	75g
上白糖	60g
玫瑰鹽	1g
葡萄糖漿	10g
低筋麵粉	30g
去殼開心果	50g
竹炭可可粉	2g

 製作前準備

· 準備貓掌蛋糕模12入裝。
· 蛋白放於室溫退冰。
· 烤箱以220℃預熱。

作法 Step by Step

· **焦香奶油** ·

1 無鹽發酵奶油放入厚底鍋。
＊使用厚底鍋煮焦香奶油，可避免燒焦。

2 厚底鍋置於爐火上，以小火煮沸。

3 沸騰後的奶油一開始會產生大泡泡。 ＊油脂類加熱的溫度很高，過程中務必多小心，避免燙傷。

4 繼續煮約1～2分鐘後泡泡變得細緻。

5 這時候鍋底開始出現焦化渣渣。

6 奶油顏色出現焦糖顏色即可關火。

7 立刻將厚底鍋放於冰水盆上，待降溫。 ＊降溫的另一個作用是避免繼續受熱。

8 去殼開心果放入研磨器中，研磨成粉狀。 ＊可以挑選無鹽的開心果，研磨後稍微帶些顆粒無妨。

9 蛋白倒入材料盆，以打蛋器攪打均勻起泡。 ＊費南雪麵糊的蛋白攪打均勻即可，不需要打發。

10 一次加入過篩的上白糖、玫瑰鹽。

11 繼續將盆中的材料攪打均勻。

12 加入葡萄糖漿拌勻。 ＊葡萄糖漿可換蜂蜜取代。

13 加入過篩的低筋麵粉。

14 倒入磨好的開心果粉，繼續將材料拌勻。 ＊開心果粉非絕對材料，可更換個人偏好的堅果粉。

15 用橡皮刮刀刮盆，使材料攪拌均勻。

16 冷卻後的焦香奶油慢慢倒入作法15盆中。

17 底部剩餘渣渣不使用。

18 邊倒焦香奶油，打蛋器邊拌勻，讓油脂與麵糊完全結合。

· 入模烘烤 ·

19 準備貓掌蛋糕模。

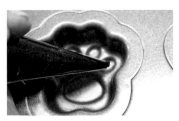

20 取30g麵糊和過篩的竹炭可可粉拌合。

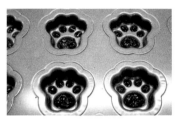

21 將麵糊裝入擠花袋，擠入模具的指球和掌球中，份量不超過模型範圍。

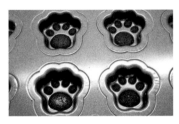

22 麵糊擠好後放入烤箱，烘烤90秒鐘。

23 烘烤後的指球、掌球膨脹更為明顯。

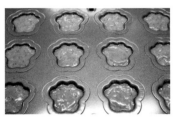

24 剩餘的蛋糕麵糊裝入擠花袋。

25 平均擠入不沾模具中，每份約23g。 *若使用非防沾黏材質的烤模，記得先抹薄薄一層奶油及撒粉。

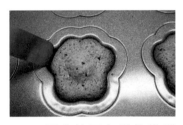

26 取出烤好的蛋糕，靜置約1分鐘後脫模。 *靜置後脫模，可防止貓掌指球脫落。

27 用小抹刀在單格模型側邊輕輕撥動，幫助脫模。

28 脫模後的蛋糕放在涼架上，待冷卻後密封保存。

Q1 **防沾模具的清洗及儲藏方式？**

防沾模具以溫水洗淨，倒扣於烤盤後放入烤箱，用烤箱餘溫將模具風乾即可收好儲藏。

重奶油蛋糕

重奶油蛋糕又稱為磅蛋糕或是旅行蛋糕，
主要是所含麵粉、油脂、糖和雞蛋份量都是 1 磅，
也就是 1：1：1：1 的比例，因此配方容易記憶。

綿密濕潤的口感是重奶油蛋糕的特色，
烘烤後的隔天或一星期內的風味依然佳，
適合攜帶外出旅行時的備糧，因而得名。

好看又好吃的甜點

 +  +

花園老奶奶檸檬蛋糕　　　愛爸爸柳橙巧克力蛋糕　　　愛心紅絲絨蛋糕

Ⅱ

濕潤濃郁

花園老奶奶檸檬蛋糕
Garden Lemon Cakes

保存：冷藏 3 ～ 5 天
份量：2 個

檸檬老奶奶蛋糕在台灣瘋狂受到歡迎，這款經典法式蛋糕又稱為假期蛋糕（weekend cake），意旨吃到它可以忘卻一週的辛勞。基本又簡單的材料就可以完成經典又令人稱讚的蛋糕，其中檸檬糖漿、檸檬糖霜是蛋糕加分的靈魂材料，麵糊中添加杏仁粉，讓樸實風味多了豐富口感。

下一頁

材料 Ingredients

· 麵糊 ·

全蛋	320g
上白糖	160g
玫瑰鹽	2g
無鹽發酵奶油	195g
低筋麵粉	130g
杏仁粉	65g
檸檬汁	25g
檸檬皮	0.5個

· 檸檬糖漿 ·

清水	40g
上白糖	60g
檸檬汁	40g

· 檸檬糖霜 ·

純糖粉	150g
檸檬汁	20～30g
檸檬皮	1個

· 裝飾 ·

去殼綠色開心果	10g
乾燥草莓粒	6g

製作前準備

· 準備6吋蛋糕模2個,於蛋糕模底鋪烘焙紙並圍邊。
· 準備4吋慕斯圈1個。
· 檸檬表皮洗淨後擦乾,磨成屑狀備用。
· 全蛋放於室溫回溫。
· 烤箱以180℃預熱。

 作法 Step by Step

· 麵糊 ·

1 準備蛋糕麵糊材料。

2 奶油盆放在熱水鍋上,隔水加熱。

3 待融化後,奶油溫度保持在45～55度之間。 ＊奶油融化後保溫,可方便後續攪拌麵糊。

4 全蛋於攪拌盆中稍微打散後，加入過篩的上白糖、玫瑰鹽。

5 全蛋盆隔熱水加熱至蛋汁達到38～45℃，離火。
＊蛋液溫度是打發的關鍵，溫度達到後，必須以高速攪打至理想程度。

6 用自動攪拌機的高速攪打蛋糊至3倍大。

7 攪打過程需5～10分鐘，注意觀察蛋糊狀態。

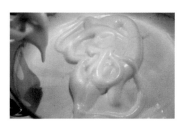

8 攪打至提起蛋糊畫圈，蛋糊不會輕易消失的程度。

9 打發的蛋糊倒入另一個寬口盆，接下來攪拌粉類比較方便。

10 先取小部分蛋糊放入作法3融化奶油盆中，以打蛋器攪拌勻勻。

11 將攪拌完成的少部分奶油蛋糊倒回寬口的蛋糊盆中，拌勻。

12 分次篩入混合的低筋麵粉、杏仁粉。

Q1　避免麵糊消泡的方法？

麵糊拌合融化奶油時，容易使麵糊消泡，取小部分麵糊先拌勻，等倒回原盆也方便攪拌，同時也減少消泡的情況。

13 蛋糊攪打足夠，篩入粉類時粉不會下沉，而是像這樣躺在表面，攪拌均勻。＊以橡皮刮刀或打蛋器攪拌粉類皆可，重點是需邊轉盆邊攪拌，幫助攪拌均勻。

14 再倒入檸檬汁及檸檬皮屑，拌勻。

15 將蛋糕麵糊平均倒入蛋糕模，在桌面輕敲出空氣，烘烤25～30分鐘。　＊烘烤過程中視上色程度，可將烤盤轉向幫助均勻受熱。

16 戴上隔熱手套取出蛋糕，在桌面敲一下震出水氣。

17 立即將蛋糕脫模倒扣於涼架。

· 檸檬糖漿 ·

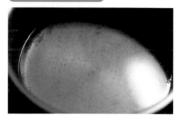

18 清水和上白糖煮沸後，關火後加入檸檬汁拌合。

· 檸檬糖霜 ·

19 純糖粉過篩於容器，慢慢加入檸檬汁調整濃稠度。　＊檸檬汁用量視糖霜濃稠度增減。

20 趁蛋糕仍有溫度時，塗上檸檬糖漿。　＊蛋糕體仍有溫度時塗上糖漿，更容易吸收風味、保存較佳。

21 表面和側面都均勻塗上糖霜，讓蛋糕保濕且風味更佳。

22 檸檬糖霜倒於蛋糕表面，利用抹刀輕輕將糖霜抹勻。

23 抹刀滑到蛋糕邊緣時可以稍微往下帶，讓糖霜滑下製造自然的垂墜感。

24 完成糖霜淋面後，靜置待糖霜乾燥。 ＊糖霜風乾後再移動，比較不易產生裂痕。

· 裝飾 ·

25 將綠色開心果切碎，並準備乾燥草莓粒。

26 取4吋慕斯圈放於蛋糕表面，套量出造型裝飾的範圍。

27 圈圈線條做為引導路線，方便裝飾擺放。

28 用小湯匙舀適量開心果碎及草莓粒，交錯沿線鋪好。

29 過程中可用小湯匙輕推裝飾材料，協助更美觀。

30 即完成美麗的檸檬蛋糕裝飾。

Q2 **檸檬蛋糕或常溫蛋糕的保存方式？**

蛋糕可裝入密封盒後，於室溫保存3～5天，賞味期取決於所在地的氣候溫度。冷藏方式保存可5～7天，食用時室溫下回溫再品嘗。

愛心紅絲絨蛋糕
Sweetheart Red Velvet Cake

保存：**冷藏 3 天**
份量：**1 個**

有著美麗名字的紅絲絨蛋糕，為一種深紅色或咖啡色的巧克力蛋糕，主要是在美國南部最普遍，通常在聖誕節或情人節也最常見到。我們在蛋糕體中藏著愛心覆盆子蛋糕，在特別的日子添加美好驚喜。

材料 Ingredients

· 覆盆子愛心蛋糕 ·
＊方形蛋糕模18×18cm、愛心壓模5.8×5.5×2cm

無鹽發酵奶油	65g	全蛋	55g
上白糖	55g	覆盆子粉	4g
三溫糖	15g	中筋麵粉	72g
玫瑰鹽	0.5g	無鋁泡打粉	1.5g

·巧克力蛋糕·
＊磅蛋糕模18×9×7.7cm

無鹽發酵奶油	150g
上白糖	65g
三溫糖	50g
玫瑰鹽	1g
全蛋	145g
中筋麵粉	135g
無糖可可粉	15g
無鋁泡打粉	2.5g
食用紅色色膏	適量

·奶油起司霜·

奶油乳酪	150g
馬斯卡彭起司	50g
純糖粉	25g

·裝飾·

市售草莓巧酥脆片	1片

 製作前準備

· 準備各1個：方形蛋糕模18×18cm、愛心壓模5.8×5.5×2cm、磅蛋糕模18×9×7.7cm。
· 無鹽發酵奶油放於室溫20～30分鐘，待軟化成膏狀。
· 全蛋放於室溫回溫。
· 烤箱以165℃→150℃→165℃預熱。

作法 Step by Step

·覆盆子愛心蛋糕麵糊·

1 奶油拌勻，加入過篩的上白糖、三溫糖和玫瑰鹽，繼續拌勻。

2 分次加入打散的全蛋，攪拌均勻。 ＊這款麵糊的全蛋不需打發，只要攪拌均勻即可。

3 加入過篩的覆盆子粉、中筋麵粉和泡打粉，立即拌勻。 ＊覆盆子粉容易受潮，過篩後需立即拌勻，並確認盆邊無粉粒狀。

·烘烤·

4 將麵糊倒入方形蛋糕模中，以抹刀抹平。

5 放入烤箱，以165℃烘烤12～14分鐘。

6 看到蛋糕四周離模表示烘烤完成，脫模後放置待完全冷卻。

7 用愛心壓模壓出10片愛心蛋糕。 ＊愛心造型壓模需小於磅蛋糕模寬度約2cm。

8 愛心蛋糕片排放整齊。

· 巧克力蛋糕麵糊 ·

9 軟化的發酵奶油用攪拌器打軟。

10 加入過篩的上白糖、三溫糖和玫瑰鹽，繼續攪打均勻。

11 分次加入打散的全蛋，攪拌均勻。

12 加入過篩的中筋麵粉、可可粉和泡打粉拌勻，再加入紅色色膏。 ＊食用色膏烘烤後成品顏色會變淡，可依需求酌量增加。

13 拌勻至預期的顏色即完成麵糊。

14 將麵糊裝入擠花袋中，袋口綁好或用夾子固定備用。

15 先擠入薄薄一層麵糊，放入愛心蛋糕片。

· 烘烤 ·

16 將剩餘麵糊擠入並用抹刀抹平。

17 以150℃烘烤20分鐘，轉165℃繼續烘烤15～20分鐘。 ＊愛心蛋糕放入麵糊後，先以低溫烘烤定型。

18 探針插入蛋糕中心測試，若沒有沾黏麵糊表示烘烤完成。

19 烤好的蛋糕靜置5～10分鐘。

20 將蛋糕脫模放置在涼架，待冷卻後裝飾。

· 奶油起司霜 ·

21 軟化的奶油乳酪、馬斯卡彭起司和過篩的純糖粉放入盆中，攪打均勻。

· 裝飾 ·

22 攪打均勻至細緻柔細狀態即可。

23 蛋糕體先抹上厚厚一層奶油起司霜。

24 用抹刀在表面來回拉出線條。

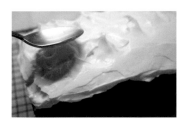

25 完成簡單的線條造型裝飾。

26 或是在厚厚的奶油起司霜上，用湯匙邊按邊提高，拉出花樣。

27 完成類似浪花造型的裝飾。

28 撒上剝碎的草莓巧酥脆片。　＊烘烤後第2、3天，愛心切面更為明顯，這是重奶油蛋糕回油的特性。

Q1 避免愛心蛋糕位移的方法？

巧克力麵糊以擠花袋擠入蛋糕模中，方便烘烤且麵糊不需要大力震動，能避免愛心蛋糕位移。愛心蛋糕體放入巧克力蛋糕麵糊，剛開始的烘烤溫度較低，讓愛心蛋糕體可以固定住，避免因為溫度太高而導致烘烤後往上移位。

愛爸爸柳橙巧克力蛋糕
Sunkist Chocolate Pound Cake

保存：冷藏 3 天
份量：1 個

磅蛋糕比較紮實，適合將神祕的造型藏在蛋糕體，做出令人期待的畫面。
巧克力鬍子藏在柳橙蛋糕中，在特別的日子帶給爸爸超大驚喜。

材料 Ingredients

·巧克力鬍子蛋糕·
＊方形蛋糕模18×18cm、鬍子壓模4.5×1.9×2cm

無鹽發酵奶油	75g
純糖粉	65g
玫瑰鹽	0.5g
全蛋	55g
低筋麵粉	67g
無糖可可粉	8g
無鋁泡打粉	1.5g

·柳橙蛋糕·
＊長方形蛋糕模22×8×6cm

無鹽發酵奶油	125g
上白糖	100g
玫瑰鹽	1g
柳橙皮	1個
全蛋	110g
低筋麵粉	125g
無鋁泡打粉	3g
柳橙汁	15g

·黑巧克力甘納許·

動物性鮮奶油	125g
黑巧克力（70%調溫）	125g

·裝飾·

柳橙乾	3片
乾燥草莓粒	適量
去殼開心果	適量
杏仁粒	適量

製作前準備

- 準備各1個：方形蛋糕模18×18cm、鬍子壓模4.5×1.9×2cm、長方形蛋糕模22×8×6cm。
- 無鹽發酵奶油放於室溫20～30分鐘，待軟化成膏狀。
- 柳橙表皮洗淨後擦乾，磨成屑備用。
- 全蛋放於室溫回溫。
- 烤箱以165℃→150℃→165℃預熱。

作法 Step by Step

·巧克力鬍子蛋糕麵糊·

1 奶油拌勻，加入過篩的純糖粉和玫瑰鹽，繼續攪拌均勻。

2 攪拌過程中記得刮盆，讓材料攪拌均勻。

3 分次加入打散的全蛋，攪打均勻。

4 加入過篩的低筋麵粉、可可粉和泡打粉，拌勻。

5 攪拌完成的蛋糕麵糊細緻黏稠。

6 麵糊倒入方形蛋糕模中，烘烤12～14分鐘。

7 看到蛋糕四周離模表示烘烤完成，脫模後放置冷卻。

8 用鬍子造型壓模壓出12片蛋糕。 ＊鬍子造型壓模需小於磅蛋糕模寬度約2cm。

9 鬍子蛋糕片排放整齊。

10 奶油拌勻，加入過篩的上白糖、玫瑰鹽，並加入柳橙皮屑，以攪拌器拌勻。

11 分次倒入打散的全蛋，攪打均勻。

12 加入過篩的低筋麵粉、泡打粉拌勻。

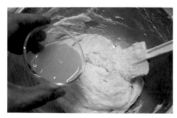

13 再加入柳橙汁拌勻。

14 記得刮盆，讓材料攪拌均勻。

15 將麵糊裝入擠花袋，袋口綁好或用夾子固定。

· 組合烘烤 ·

16 長方形蛋糕模的底部鋪烘焙紙並圍邊,可用少許麵糊固定兩側烘焙紙。
＊非防沾模處理示範。

17 先擠入薄薄一層柳橙蛋糕麵糊。

18 鬍子蛋糕一整排放入蛋糕模。 ＊麵糊以擠花袋擠入蛋糕模,方便烘烤且麵糊不需大力震動,能避免鬍子蛋糕位移。

19 剩餘蛋糕麵糊擠入並用抹刀抹平。

20 以150℃烘烤25分鐘,轉165℃繼續烘烤15～20分鐘。 ＊造型蛋糕放入蛋糕麵糊後,先以低溫烘烤定型。

21 烤好的蛋糕靜置5～10分鐘,脫模後連同烘焙紙放涼架待冷卻。

· 黑巧克力甘納許 ·

22 動物性鮮奶油倒入厚底鍋,小火加熱至微沸騰後關火。

23 黑巧克力倒入鍋中,靜置1分鐘。

24 攪拌均勻即完成。

· 裝飾 ·

25 黑巧克力甘納許倒在蛋糕表面,以抹刀輕輕抹平。

26 蛋糕移至乾淨的砧板或長盤,將裝飾材料交錯排好。 ＊烘烤後第2、3天,鬍子切面更為明顯,這是重奶油蛋糕回油的特性。

海綿蛋糕

海綿蛋糕顧名思義，猶如海綿般的柔軟帶些韌性，

常做為生日蛋糕、圓形蛋糕的蛋糕體。

全蛋加上糖打發是海綿蛋糕的操作重點，

讓全蛋打發完美的媒介則是「溫度」，

藉由隔水加熱的方式讓蛋汁溫度提升，

可以加速打發及達到完美的乳化效果，

只要操作得宜，蛋糊打發至原來的 3 倍，絕非難事！

好看又好吃的甜點

 +  +

巧克力摩卡鼠來寶蛋糕　　　　蘋果奇想蛋糕　　　　粉紅豬甜甜圈蛋糕

柔軟細緻

巧克力摩卡鼠來寶蛋糕

Chocolate Mocha Cakes

保存：室溫 2 ～ 3 天
份量：9 個

運用小巧的檸檬造型蛋糕模裝盛麵糊，烤出來卻不是檸檬味而是咖啡歐雷，偶爾跳脫既定的組合，讓烘焙變得更有趣，再搭配巧克力片造型出可愛的老鼠，讓視覺與味覺同時達到好玩又好吃。

下一頁

材料 Ingredients

・麵糊・

無鹽發酵奶油	80g
全蛋	120g
楓糖漿	20g
上白糖	60g
玫瑰鹽	1g
黑糖	15g
低筋麵粉	105g
無糖可可粉	20g
細粉末即溶咖啡粉	6g
無鋁泡打粉	1.5g

・裝飾・

鈕釦型草莓巧克力（非調溫）	15g
牛奶巧克力（非調溫）	10g
鈕釦型草莓巧克力（非調溫）	18片
食用糖珠眼睛	18顆

 製作前準備

・準備檸檬蛋糕模9個。
・全蛋放於室溫回溫。
・烤箱以180℃預熱。

作法 Step by Step

・麵糊・

1 全蛋與楓糖漿稍微打散，再加入過篩的上白糖、玫瑰鹽、黑糖。 ＊麵糊中加入少許黑糖，能增加風味。

2 全蛋盆隔熱水加熱至蛋汁達到38～45℃，離火。 ＊蛋液溫度是後續打發的關鍵。

3 奶油盆放在熱水鍋上，隔水加熱融化。 ＊奶油融化後溫度保持在45～55℃，方便後續攪拌麵糊。

4 用攪拌器的高速攪打蛋糊至3倍大。 ＊攪打至蛋糊提起畫圈，蛋糊不會輕易消失的程度即可，詳細可見P.128。

5 加入過篩的低筋麵粉、可可粉、咖啡粉和泡打粉，用刮刀拌勻。

6 取少部分麵糊拌入融化奶油液中，再倒回原鍋中攪拌均勻。

Q1 非防沾材質的模具需如何處理？

如果使用非防沾模具裝盛麵糊，需要先抹油並撒粉，能避免蛋糕烤好後沾黏於模具，而不易脫模或破壞蛋糕外觀。

· 烘烤 ·

7 將麵糊填入檸檬蛋糕模，稍微敲一敲震出空氣，烘烤15～18分鐘。 ＊若非防沾蛋糕模，則需先抹油撒粉後再填入麵糊。

8 利用探針測試，若不沾黏表示烤好了。

9 戴上隔熱手套取出蛋糕，在桌面敲一下震出空氣。

· 組合裝飾 ·

10 倒扣在涼架上待完全冷卻。

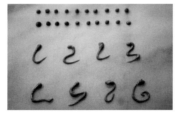

11 草莓巧克力融化後裝入擠花袋，擠出鼻子和尾巴。 ＊巧克力融化方法見P.016。

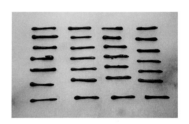

12 牛奶巧克力融化後裝入擠花袋，擠出適當長度的鬍鬚。 ＊使用融化巧克力點出鼻子、尾巴和鬍鬚時，可多準備一些選用。

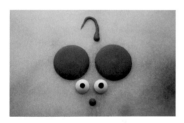

13 鼠來寶的造型擺法。

14 蛋糕一側做為屁股位置，沾上融化草莓巧克力後將尾巴黏上。

15 利用水果刀在蛋糕另一側兩邊畫上一字，大約鈕釦型草莓巧克力寬度。

16 鈕釦型草莓巧克力當成耳朵插入蛋糕。 ＊若擔心巧克力片掉下來，可沾些融化草莓巧克力再插入蛋糕。

17 黏上小顆粒草莓巧克力當成鼻子，以牛奶巧克力點出眼睛位置。

18 黏上糖珠眼睛，並以少量牛奶巧克力在耳朵之間以小尖刀輕抹，製造一些毛髮。

蘋果奇想蛋糕
Calvados Apple Cakes

保存：冷藏 3 天
份量：3 個

蘋果是整年最常見的水果之一，除了直接食用之外，加上檸檬汁經過加熱烹煮後，滿室的淡雅焦糖香味令人著迷。額外添加適量蘋果白蘭地，瞬間層次感更為升級。

材料 Ingredients

·麵糊·

全蛋	100g
蛋黃	20g
上白糖	55g
玫瑰鹽	1g
香草豆莢醬	1g
低筋麵粉	50g
玉米粉	10g
無鹽發酵奶油	14g
鮮奶	24g

·白蘭地蘋果煮·

蘋果丁	200g
檸檬汁	20g
三溫糖	15g
蘋果白蘭地	10g

·馬斯卡彭鮮奶油霜·

動物性鮮奶油	300g
馬斯卡彭起司	150g
上白糖	30g

·裝飾·

樹葉	3片
牛奶巧克力（非調溫）	30g
草莓巧克力（非調溫）	30g
原色防潮糖粉	5g
草莓防潮糖粉	15g
抹茶防潮糖粉	8g
市售餅乾棒	3支

製作前準備

· 準備4吋蛋糕模3個，於蛋糕模底鋪烘焙紙並圍邊。
· 蛋黃、全蛋放於室溫回溫。
· 烤箱以175℃預熱。

作法 Step by Step

· 麵糊·

1 全蛋、蛋黃打散，加入過篩的上白糖、玫瑰鹽拌勻，再加入香草豆莢醬拌勻。

2 放於熱水盆上，邊攪拌邊加熱蛋汁。

3 蛋盆隔熱水加熱至蛋汁達到38～45℃，離火。
＊全蛋蛋汁溫度控制38～45℃之間，打發效果最佳。

4 奶油、鮮奶盆放在熱水鍋上，隔水加熱。 ＊添加鮮奶的奶油液，風味更濃郁，融化好保持在45〜55℃爲佳。

5 用電動攪拌器快速攪打蛋糊至3倍大。 ＊也可以用電動攪拌器高速攪打，更省力。

6 攪打至拿起打蛋器寫8，蛋糊不會輕易消失的程度即可。

7 加入過篩的低筋麵粉和玉米粉。 ＊低筋麵粉容易受潮結顆粒，過篩可以改善且讓蛋糕質地更加細緻。

8 橡皮刮刀以切拌方式，邊轉盆邊攪拌均勻。

9 取少量的蛋糕糊加入融化奶油鮮奶容器中。 ＊先取部分麵糊攪拌，可避免油水分離與蛋糕糊比重不同而導致拌不勻。

10 以打蛋器攪拌均勻。

11 接著倒回原麵糊盆中，拌勻並刮盆。

· 烘烤 ·

12 麵糊倒入蛋糕模，拿起蛋糕模在桌面輕敲出空氣，烘烤25〜23分鐘。

13 戴上隔熱手套取出蛋糕，在桌面敲一下震出水氣。

14 趁熱將蛋糕從模具底部向上頂出。

15 提起烘焙紙後移除底部模具。

16 撕除圍邊烘焙紙。

17 撕除底部烘焙紙。

18 將蛋糕放在涼架上待完全冷卻。

· 白蘭地蘋果煮 ·

19 蘋果丁、檸檬汁和三溫糖放入厚底鍋。

20 以小火煮5～7分鐘至水分收乾。

21 加入蘋果白蘭地，增加風味。

22 繼續煮至水分收乾即關火，蘋果丁仍保有形體的口感較佳。

23 盛入容器待冷卻。

24 動物性鮮奶油、馬斯卡彭起司和上白糖放入容器，放在冰水盆上。
＊準備一盆冰水協助，以免溫度太高而影響打發程度。

25 用攪拌器中速攪打至紋路明顯流動性弱的8分發。 ＊打發鮮奶油霜時，必須保持鮮奶油為冰冷狀態較容易打發，且避免油水分離。

26 完成後隔著冰水盆。

27 在冷卻的蛋糕體側邊量出厚度。

28 用鋸齒刀切割蛋糕片，手保持水平式慢慢地鋸開比較平整。

29 每個蛋糕體平均切割出3片。

30 取第1片蛋糕體放在襯底盤子上，抹上適量鮮奶油霜。

31 放適量白蘭地蘋果煮，集中在糕體中心位置。

32 再次抹上適量馬斯卡彭鮮奶油霜。

33 蓋上第2片蛋糕體。

34 抹上適量鮮奶油霜。

35 蓋上第3片蛋糕體，稍微按壓整型。

36 側邊抹上鮮奶油霜，稍微抹平後包覆保鮮膜，冷凍約30分鐘。

· 修剪糕體 ·

37 用廚房剪刀將蛋糕體底部向內稍微修剪。

38 修剪成像蘋果底部收圓的樣子。

39 蛋糕頂部邊緣同樣修圓後，中心部位剪出1個凹槽。

Q1 　**鮮奶油霜塗抹不易怎麼辦？**

糕體裝飾鮮奶油霜時，室溫溫度也會影響操作，如果感覺鮮奶油塗抹不易，可將蛋糕放入冰箱冷藏10分鐘後再操作。

40 蛋糕體上下向內修，中間鼓鼓的，蘋果雛形即出來。

41 裝飾底盤放在轉台上，整顆蛋糕抹上適量鮮奶油霜。

42 軟質橡皮刮板垂直拿著，慢慢邊轉動轉台邊刮下多餘的鮮奶油霜。

43 軟質橡皮刮板凹著靠在蛋糕體上緣側邊，輕輕邊轉動轉台邊刮下多餘的鮮奶油霜。

44 隨時運用抹刀在蛋糕體補些鮮奶油霜，再慢慢塑型。

45 中間部位輕輕抹出凹槽，即蘋果樹梗插入位置。

· 裝飾 ·

46 完成後的蛋糕冷藏約20分鐘。

47 取大小適中的樹葉洗淨後擦乾水分。

48 適量的融化牛奶巧克力塗在樹葉背面。
＊牛奶巧克力融化後做成葉子，和綠色蘋果蛋糕搭配。巧克力融化方法見P.016。

49 待樹葉上的牛奶巧克力凝固後，可輕易自葉片上脫模。

50 使用樹葉巧克力裝飾仿真度很好且自然。

51 在蛋糕表面過篩少量原色防潮糖粉。

52 草莓防潮糖粉過篩於蛋糕正面及側邊。

53 以市售餅乾棒長度約6cm做為樹梗。

54 樹梗插入蛋糕體凹槽位置。

55 裝飾樹葉後，用抹刀將蛋糕移至紙托盤。

56 以同樣方式完成另一個抹茶蘋果蛋糕裝飾，搭配牛奶巧克力葉子。

Q2   **馬斯卡彭起司的特性？**

Mascarpone發音為mass-car-poh-nay「馬斯卡彭尼」，是義大利奶油起司之一，以酒石酸添加凝結乳牛中全脂鮮奶油製成，口感濃郁滑順，帶微甜味與新鮮的奶香。製作鮮奶油霜時，可部分添加馬斯卡彭取代，操作方便之外風味更佳。馬斯卡彭添加量可以是動物性鮮奶油的30～100%，用量愈高則鮮奶油霜穩定性愈高，剛開始可少比例量添加，慢慢找出自己喜歡的風味比例。

可可奧利奧毛帽蛋糕
Choco Knitted Hat

保存：冷藏 3 天
份量：1 個

擁有一頂毛帽在天冷的季節保暖又符合時尚，巧妙運用到造型蛋糕上，在任何季節都可跟它相遇。海綿蛋糕打底是帽子的架構，免烤起司餡做為填充物，這頂毛帽保證值得珍藏。

材料 Ingredients

・麵糊・

全蛋	150g
上白糖	90g
玫瑰鹽	1g
低筋麵粉	70g
玉米粉	20g
鮮奶	20g
無鹽發酵奶油	20g

・奧利奧生起司餡・

奶油乳酪	150g
上白糖	30g
香草豆莢醬	1g
動物性鮮奶油	200g
吉利丁片	6g
市售OREO巧克力夾心餅乾	50g

・可可鮮奶油霜・

動物性鮮奶油	200g
馬斯卡彭起司	150g
上白糖	30g
無糖可可粉	9g

製作前準備

・準備7吋活動蛋糕模1個、6吋深半圓形蛋糕模1個。
・於7吋蛋糕模底鋪烘焙紙並圍邊。
・全蛋放於室溫回溫。
・烤箱以180℃預熱。

作法 Step by Step

・麵糊・

1 全蛋在鋼盆中打散。

2 加入上白糖、玫瑰鹽和香草豆莢醬，攪拌均勻成蛋糊。

3 將裝蛋液的鋼盆放在熱水盆上方，一邊攪拌一邊加熱蛋液。

4 全蛋汁隔水加熱至38～45℃。　＊操作海綿蛋糕全蛋汁的溫度很重要，大約38～45℃的打發效果最佳。

5 鮮奶及無鹽發酵奶油採隔水加熱至奶油融化，以45～50℃保溫備用。

6 蛋盆離火，攪拌器以高速打發至3倍大。　＊高速有助於全蛋打發效果。

7 麵糊攪打至提起攪拌器寫8字，不會輕易消失。

8 再篩入低筋麵粉和玉米粉。　＊全蛋打發到位，篩粉後不會立即沉澱，可做為判斷標準。

9 用橡皮刮刀以切拌方式，邊轉盆邊攪拌均勻。

10 取少量的蛋糕糊加入作法5融化鮮奶、奶油容器中。　＊先部分攪拌，可避免油水分離與蛋糕糊比重不同而攪拌不易的情況。

11 接著倒回原本的材料盆中，拌勻並將盆邊刮淨。

12 將麵糊均勻倒入7吋蛋糕模。

13 用竹筷在麵糊中輕輕畫圈，釋放空氣。

14 拿起蛋糕模在桌面輕敲，釋放大空氣。再放入烤箱烘烤約30分鐘。 ＊烘烤前20分鐘不開烤箱門，防止冷空氣進入而影響蛋糕膨脹程度。

15 取出蛋糕在桌面輕敲，釋放水氣。

· 奧利奧生起司餡 ·

16 趁熱將蛋糕從模具底部向上頂出。

17 撕除圍邊和底部烘焙紙，放在涼架待冷卻。

18 奶油乳酪、上白糖和香草豆莢醬放入鋼盆，以隔熱水的方式軟化拌勻。

19 攪拌均勻，份量不多宜集中在鋼盆中心，以免風乾。

20 用電動攪拌器將鮮奶油隔冰水盆打至6～7分發即可。 ＊鮮奶油像這樣不太流動即可，不需要打太發太硬，以免影響口感。

21 吉利丁片泡冰水後待軟，擠乾水分即放入耐熱容器中，微波加熱至融化。

22 取少部分的打發鮮奶油在融化的吉利丁中，攪拌均勻。

23 再倒回鮮奶油霜盆中拌勻，並與作法19奶油乳酪混合拌勻。 ＊鮮奶油霜和奶油乳酪的比重有些不同，攪拌手法必須輕輕的，就會逐漸合體。

24 將巧克力夾心餅乾敲成大塊，再放入作法23盆中。

25 用橡皮刮刀輕輕攪拌均勻即為內餡，冷藏備用。

26 蛋糕體橫切成5等份。

27 取1片蛋糕，在兩邊最外側直切，接著切成每份底為4cm的三角形共5份。

28 以相同方式再切2片蛋糕，可在工作台上先將15片三角形練習排列成圓形。 ＊剩餘蛋糕留著備用。

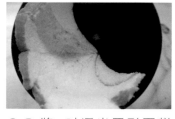

29 將6吋深半圓形蛋糕模放於圓形容器上固定，蛋糕片繞著模具內側貼放至一半。

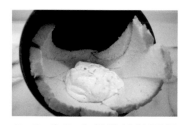

30 先取少量餡鋪於蛋糕中心處固定。 ＊蛋糕片較軟，先取少量內餡鋪放助固定，蛋糕片將更容易圍邊。

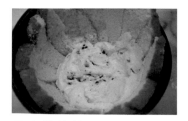

31 繼續鋪蛋糕片圍滿內側，再填約1/3份量餡，抹平。 ＊邊鋪蛋糕邊填少量餡，操作較為方便。

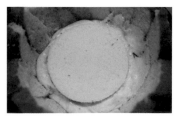

32 剩餘蛋糕片壓出直徑7cm圓片，鋪於內餡上。

33 剩餘奧利奧起司餡全部填入模具中，抹平。

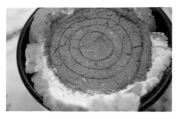

34 將最後1片蛋糕片壓出直徑12cm圓片，鋪於最上方。

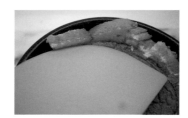

35 用橡皮刮板切除多餘的蛋糕。 ＊剩餘蛋糕仍需留著備用。

36 在蛋糕片上方蓋上保鮮膜，放入冰箱冷凍約6小時。 ＊內餡填入蛋糕後冷凍，裝飾鮮奶油霜時不會太快軟化，方便及美觀。

・可可鮮奶油霜・

37 動物性鮮奶油、馬斯卡彭起司和上白糖放入容器。

38 隔冰水盆，電動攪拌器中速攪打至9分發，不具流動性狀態。

39 篩入無糖可可粉，用橡皮刮刀輕輕拌勻，冷藏備用。

・裝飾・

40 冷凍後的半圓形蛋糕模朝下，利用熱毛巾擦拭表面即可脫模。

41 脫模的蛋糕放於裝飾轉台上，鮮奶油霜先舀少許於蛋糕頂部。

42 用抹刀一邊轉動轉台，一邊將鮮奶油霜抹均勻。 ＊進行表面裝飾，必須注意操作環境的溫度，盡可能在冷氣房操作。

43 接著用橡皮刮板抹平表面。

44 鮮奶油霜裝入套直徑0.4cm平口花嘴的擠花袋，從蛋糕底部向上擠出直線約2cm形成帽緣。

45 順著蛋糕頂部先擠出1條線條。 ＊直徑0.4cm平口花嘴。

46 接著從中心位置擠出線條。

47 完成4等份的鮮奶油霜線條拉線。

48 再各自對等擠出線條成8等份。

49 每等份中擠出喜歡的造型線條。

50 完成大帽球造型，再放入冰箱冷藏定型。
＊6齒花嘴為wilton編號17號，可擠出星星造型。

51 剩餘蛋糕放入容器中，加入適量裝飾鮮奶油。

52 混合塑成成團狀。

53 用保鮮膜包好，整型成圓球後冷藏定型，即為小帽球。

54 冷藏後的大帽球外觀更為立體。

55 將小帽球放在蛋糕頂部位置。

56 剩餘奧利奧生起司餡裝入蒙布朗擠花嘴花袋中，在小帽球上擠出毛球感。 ＊蒙布朗小花嘴為wilton編號233號。

57 毛帽蛋糕裝飾完成。

Q1 **蛋糕模尺寸與需要的材料量換算法？**

當你了解所使用的蛋糕模尺寸後，就可以靈活計算需要的材料量。
比如配方所使用的7吋蛋糕模（A），尺寸為長17.8×寬17.2×高7.4cm，計算容積為
半徑×半徑×3.14×高=1841cm³
若使用6吋蛋糕模（B），尺寸為長15.2×寬14.7×高6.9cm，計算容積為半徑×半徑
×3.14×高=1251cm³
需要調整配方的方式為：1251÷1841=0.68（即得出相對應倍數比例）
將配方中的各項材料乘以0.68倍，即可算出需要的材料量。

粉紅豬甜甜圈蛋糕
Strawberry Chocolate Doughnuts

保存：冷藏 2～3 天
份量：12 個

提到甜甜圈，大家心裡的印象是美式大甜甜圈，還是日式的麻糬口感甜甜圈，或是台灣街頭流行的脆皮甜甜圈呢？這些流行在世界街頭的甜甜圈大部分以油炸方式完成後，再裝飾糖霜或巧克力。家庭式製作可以用「烘烤」方式取代油炸，簡易又更健康。

材料 Ingredients

・麵糊・

鮮奶	160g
檸檬汁	12g
全蛋	105g
香草豆莢醬	1g
上白糖	120g
玫瑰鹽	1g
食用油	55g
中筋麵粉	165g
玉米粉	30g
伯爵茶粉	4g
無鋁泡打粉	4g

・裝飾・

厚片杏仁片	24片
草莓巧克力（非調溫）	200g
水滴巧克力豆	24粒
翻糖	20g
食用蜜桃色色膏	適量
白巧克力（非調溫）	30g
食用彩色糖珠	適量

 製作前準備

- 準備直徑約6cm迷你甜甜圈模。
- 準備空的針筒、竹籤各1支。
- 全蛋放於室溫回溫。
- 烤箱以190℃預熱。

作法 Step by Step

·麵糊·

1 鮮奶和檸檬汁拌勻，靜置10～15分鐘。

2 靜置後的檸檬鮮奶，質地接近優格。

3 全蛋打散後加入香草豆莢醬，用打蛋器拌勻。

4 再加入過篩的上白糖及玫瑰鹽，繼續拌勻。

5 接著加入食用油。

6 拌勻至乳化效果明顯。

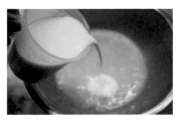

7 將作法2檸檬鮮奶分次加入，邊加邊拌勻。

8 中筋麵粉、玉米粉、伯爵茶粉和泡打粉過篩於作法7盆中。　＊中筋麵粉讓蛋糕具彈性，添加玉米粉則帶來蓬鬆及柔軟的口感。

9 打蛋器將材料拌勻。

10 用橡皮刮刀刮盆拌勻後，
麵糊靜置約20分鐘成濃
稠狀。 ＊麵糊靜置可達到事先
熟成的效果，烘焙後的蛋糕更
具風味。

11 準備迷你甜甜圈烤模。
＊請依據模具標示是否為
防沾，必要時模具需抹油撒粉
方便脫模。

將麵糊舀入模具，每份
約45g。

12

13 烘烤12～15分鐘，用
探針插入糕體，不沾黏
表示烘烤完成。

14 端出烤盤朝桌上敲一
下，釋放水氣。

15 用指腹稍微將蛋糕從模
具側邊撥鬆開。

· 組合裝飾 ·

16 烤盤拿起朝桌上敲一
敲，讓蛋糕底部脫模。

17 將蛋糕放在涼架，待完
全冷卻。

18 先裝飾耳朵，厚片杏仁
片插入糕體右上及左上
位置，以同樣方式完成所有
耳朵裝飾。 ＊使用厚片杏仁
片插入蛋糕體時，不易折斷。

19 草莓巧克力盆以隔熱水
鍋方式融化。

20 融化至一半時即可關
火，利用餘溫拌勻完
成融化。

21 利用一塊乾布斜墊在巧
克力盆下方。

22 拿起蛋糕正面朝下沾上融化巧克力。

23 傾斜蛋糕讓多餘巧克力回收。 ＊室溫太低時，記得將巧克力盆放回熱水鍋上保溫。

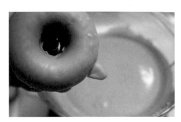

24 如果耳朵部位沾附不足，可重複在巧克力盆中補好。

25 完成裝飾後放在涼架上風乾。

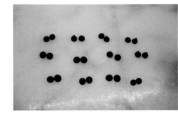

26 用水滴巧克力豆配對眼睛，共12組。

27 翻糖和蜜桃色色膏揉勻，做為鼻子的部位使用。 ＊翻糖作法見P.085。

28 用小型擀麵棍將翻糖擀開約0.2cm厚度。

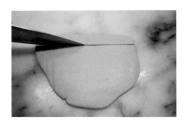

29 切割出約1cm寬度的翻糖。

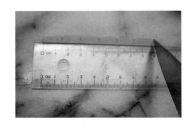

30 每份約1.5cm間隔。

31 完成鼻子的雛形。

32 用針筒戳出鼻孔。

33 竹籤穿過翻糖，戳出多餘翻糖。

34 鼻子翻糖黏在兩耳中間位置。

35 水滴巧克力豆沾上剩餘的融化巧克力，黏在耳朵附近位置。

36 以同樣的方式，完成所有甜甜圈蛋糕的鼻子和眼睛裝飾。

37 非調溫白巧克力微波融化。 *巧克力融化方法見P.016。

38 蛋糕底部沾附白巧克力。

39 撒上少許彩色糖珠裝飾，做為彩衣。

40 完成所有甜甜圈蛋糕裝飾，放置涼架上風乾。

Q1 白脫牛奶（buttermilk）是什麼？

簡易白脫牛奶即以12g檸檬汁加入配方中的鮮奶，拌勻後靜置10～15分鐘。白脫牛奶（buttermilk）的白脫由butter音譯而來，是牛奶製成奶油過程中的低脂乳製品。白脫牛奶是帶有酸味的乳製品，在美加地區常用來製作炸雞，但更多人會以此代替牛奶製作麵包和蛋糕，不僅低脂健康，質感也更鬆軟。

維多莉亞海綿蛋糕

Mini Elegant Victoria Sponge Cakes

保存：**冷藏 3 天**
份量：**2 組**

維多利亞女王統治時期的黃金時代有許多創新，有一位公爵夫人在
適當的時候擴大了午茶茶會，並提供客人們小蛋糕和小型三明治，
女王偶然間嘗到，很快就成為她的最愛。其優雅的外觀若你也能吃
到，一定能感受當時女王的愉悅心情。

下一頁

材料 Ingredients

·麵糊·

無鹽發酵奶油	113g
上白糖	80g
玫瑰鹽	1g
全蛋	110g
檸檬皮	1個
低筋麵粉	113g
無鋁泡打粉	3g

·穆斯林醬·

上白糖	20g
蛋黃	20g
低筋麵粉	10g
鮮奶	100g
香草豆莢醬	1g
無鹽發酵奶油	50g

·夾心·

草莓果醬	50g

·裝飾·

杏仁膏	90g
食用粉紅色色膏	適量

製作前準備

- 準備4吋蛋糕模4個、直徑約10cm花造型壓模1個。
- 無鹽發酵奶油放於室溫20～30分鐘,待軟化成膏狀。
- 檸檬表皮洗淨後擦乾。
- 全蛋、蛋黃放於室溫回溫。
- 烤箱以180℃預熱。

作法 Step by Step

·麵糊·

1 用攪拌器中速將軟化的奶油攪打至鬆發。

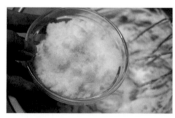

2 加入過篩的上白糖、玫瑰鹽,攪打均勻。 ＊上白糖可換成三溫糖,嘗到不同風味。

3 攪打過程中材料會向盆邊噴散。

4 記得適時刮盆，幫助材料攪打均勻。

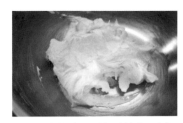

5 繼續攪打至蓬鬆的奶油糊狀態。

6 分次倒入打散的全蛋，攪打均勻。 ＊分次加蛋，不易油水分離且乳化效果佳。

7 磨入檸檬皮後拌勻。

8 加入過篩的低筋麵粉和無鋁泡打粉，攪拌均勻。

・烘烤・

9 蛋糕模抹上融化奶油液和撒上高筋麵粉，讓油和粉平均分布，防止沾黏。

10 麵糊平均裝入蛋糕模，每份約105g，烘烤約18～20分鐘。 ＊烘烤過程中可視上色狀態，適時將烤盤轉向幫助均勻受熱。

11 取出烤好的蛋糕，降至室溫後脫模。 ＊蛋糕模抹油和撒粉後很容易脫模，只要拿起模具在手掌上倒扣即可取出。

12 脫模後的蛋糕放在涼架上待冷卻。

蛋奶醬　　　　穆斯林醬

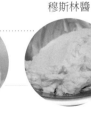

Q1　各種奶醬主要成分差異？

蛋奶醬：蛋黃、糖、鮮奶。

卡士達醬：蛋黃、糖、麵粉或玉米粉、鮮奶、少許奶油。

穆斯林醬：蛋黃、糖、麵粉或玉米粉、鮮奶、較多奶油，即卡士達醬加上比較多的奶油完成。

13 上白糖和打散的蛋黃攪拌均勻。

14 加入過篩的低筋麵粉,攪拌均勻。

15 鮮奶、香草豆莢醬放入厚底鍋,以小火煮至接近沸騰。

16 取少許的熱鮮奶倒入蛋黃麵糊中拌勻。

17 再將拌勻的蛋黃鮮奶糊倒回原鮮奶鍋。

18 用打蛋器攪拌,邊攪拌邊煮。

· 組合裝飾 ·

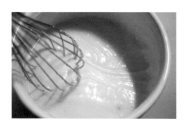

19 煮至濃稠紋路明顯且冒泡即可關火,加入發酵奶油拌勻即可。

20 準備穆斯林醬及草莓果醬。

21 杏仁膏分成2等份,每份約45g。

Q2　杏仁膏成分和用途?

杏仁膏主要成分為糖、杏仁、水、轉化糖漿、葡萄糖漿、山梨醇、酒精。由於質地柔軟兼具可塑性,適合裝飾蛋糕,比如「杏仁膏動物造型」;或是夾於蛋糕當內餡,如「聖誕史多倫蛋糕」。

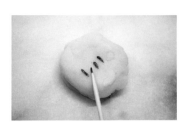

22 選擇喜歡的食用色膏顏色，配方中使用粉紅色色膏。

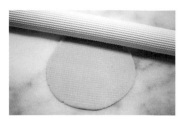

23 竹籤插入色膏後抹在杏仁膏表面，揉勻。

24 進行排氣，用擀麵棍將粉紅色杏仁膏擀開約0.2cm厚度。

25 用直徑約10cm的花造型壓模放在杏仁膏上，壓出形狀。

26 花造型杏仁膏鋪在1片蛋糕體正面。

27 另一片蛋糕正面朝下，均勻抹上約30g穆斯林醬。

28 取約25g草莓果醬，用抹刀抹勻。

29 草莓果醬面積較穆斯林醬少，組合起來比較美麗。

30 組合蛋糕，花造型杏仁膏蛋糕放在抹果醬的蛋糕上方。

31 完成蛋糕造型裝飾，此配方可做2組小蛋糕。

D

戚風蛋糕

戚風蛋糕又稱為雪紡蛋糕，

形容口感如同絲綢般的鬆軟。

蛋黃及蛋白分開打發是戚風蛋糕的特色，

蛋黃糊簡單的拌合均勻，

蛋白微打發後分次加入糖，攪打至硬性發泡，

再和蛋黃糊拌合，

膨鬆柔細的麵糊入模具，

烘烤完成就像雲朵般口感的蛋糕。

好看又好吃的甜點

 +  +

濃情蜜意熊熊巧克力　　　　炎夏最愛吃西瓜　　　　刺蝟蛋糕遨遊海灘

∥

蓬鬆綿滑

燙麵戚風鮮奶油草莓寶盒 ✨
Strawberry Chiffon Chantilly Boxes

保存：**冷藏 2 天**
份量：**2 盒**

綿細蓬鬆的蛋糕體、柔滑的卡士達醬，搭配酒香味鮮奶油霜，再加
上新鮮的草莓，是一道組合起來讓少女心噴發的粉嫩甜點。

下一頁

材料 Ingredients

·蛋黃糊·

無鹽發酵奶油	20g
食用油	40g
低筋麵粉	60g
玉米粉	12g
鮮奶	50g
蜂蜜	30g
玫瑰鹽	0.5g
蛋黃	75g

·蛋白霜·

蛋白	150g
上白糖	75g

·酒香鮮奶油霜·

動物性鮮奶油	150g
上白糖	10g
櫻桃利口酒	5g

·卡士達醬·

鮮奶	120g
香草豆莢醬	1g
蛋黃	40g
上白糖	20g
玉米粉	10g
無鹽發酵奶油	10g

·裝飾·

新鮮草莓	16〜20顆

製作前準備

· 準備2個塑膠盒，尺寸9.5×9.5×6cm。
· 準備1個長方形烤盤，尺寸36×26cm，烤盤鋪上烘焙紙。
· 蛋黃、蛋白放於室溫回溫。
· 新鮮草莓去蒂頭，2顆切4等份、剩餘的切半。
· 烤箱以175℃預熱。

作法 Step by Step

·蛋黃糊·

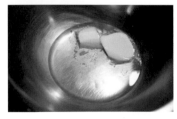

1 無鹽發酵奶油與食用油放入材料盆，以小火加熱至沸騰後關火。

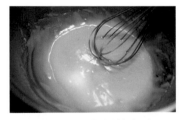

2 加入過篩的低筋麵粉、玉米粉，拌勻。 ＊溫度讓加入的粉類形成糊化作用。

3 鮮奶和蜂蜜小火加熱，邊加熱邊攪拌，溫度達到60℃後關火。 ＊比重的關係，記得邊加熱邊攪拌，以免蜂蜜黏鍋。

4 慢慢將蜂蜜鮮奶沖入作法3麵糊盆，拌勻。

5 加入鹽拌勻，蛋黃打散分次加入麵糊中拌勻。

6 用攪拌器中速攪打蛋白，至看不見蛋白液且粗泡泡產生。 ＊打發蛋白霜用電動攪拌器的中速操作，質地更為細緻穩定。

7 分3次加入上白糖，攪打至蛋白霜是硬挺的掛在打蛋器上。 ＊分次加糖攪打的用意是讓空氣帶入，蛋白與糖磨擦攪打更加細緻。

8 倒扣蛋白霜盆也不會滑落，即硬性發泡。 ＊詳細蛋白霜打發步驟見P.178。

· 混合蛋黃蛋白糊 ·

9 橡皮刮刀取1/3的蛋白霜入蛋黃糊盆中，拌勻。

10 拌勻的蛋黃糊倒入剩餘的蛋白霜盆中。 ＊攪拌手法輕盈可避免消泡。

11 用橡皮刮刀以由下往上邊拌邊轉盆的方式拌勻。 ＊完成的蛋糕麵糊，攪拌徹底卻不消泡。

12 將麵糊倒在長方形烤盤上，用刮板抹平後重敲出空氣。

13 放入烤箱烘烤15分鐘。

14 將蛋糕從烤盤移出，撕除蛋糕四周烘焙紙，放在涼架待冷卻。

15 烘焙紙蓋在蛋糕上，用涼架反蓋後翻轉，撕開烘焙紙待蛋糕冷卻。 ＊詳細脫模方式見「多彩馬卡龍蛋糕捲」P.189。

16 所有材料放入容器，隔冰水盆。 ＊鮮奶油霜打發過程隔著冰水盆保持溫度，打發較容易。

17 以電動攪拌器中高速攪打均勻。

18 攪打至鮮奶油霜不流動，即硬挺的9分發，冷藏備用。

19 鮮奶和香草豆莢醬，以小火煮至接近沸騰。

20 蛋黃打散，加入細砂糖拌勻。

21 過篩的玉米粉加入蛋黃容器中拌勻。

22 少許的熱鮮奶加入蛋黃糊容器中拌勻。

23 將拌勻的蛋黃鮮奶糊倒回原鍋。

24 用打蛋器邊攪拌邊煮，以小火煮至濃稠。

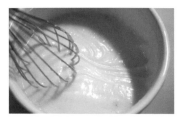

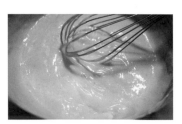

25 煮至濃稠紋路明顯且冒泡即可關火，加入發酵奶油拌勻。

26 趁熱將卡士達醬過篩。

27 卡士達醬完成。

·組合裝飾·

28 卡士達醬和酒香鮮奶油霜備齊。

29 開始裝飾，測量出可以放入盒子的蛋糕片尺寸，每盒需2片。

30 取1片蛋糕片鋪於盒子底，切半的草莓圍邊於蛋糕片。

31 擠入適量卡士達醬。
＊用量請斟酌，等等還有1片蛋糕片需要使用。

32 酒香鮮奶油霜裝入擠花袋，擠適量於蛋糕上。

33 切4等份的草莓鋪於酒香鮮奶油霜上。

34 蓋上第2片蛋糕片，並在四周擠奶油霜成貝殼狀（擠花嘴是SN7027）。
＊擠花方式往前擠向後拖，形成貝殼狀。

35 鋪上切半的草莓裝飾，草莓尖角向內擺放比較好看。

36 盒子上蓋蓋好，放入冰箱冷藏保存。

Q1　動物性和植物性鮮奶油的差異？

蛋糕裝飾中使用的鮮奶油霜分動物性鮮奶油、植物性鮮奶油。動物性鮮奶油是新鮮全脂牛奶經過乳脂分離及加工技術而製成乳脂含量約35%以上的乳製品；植物性鮮奶油是將植物油經過「氫化」製作而成，奶香風味通常為添加人工香料所製。

濃情蜜意熊熊巧克力

Lovely Chocolate Chantilly Cakes

保存：**冷藏 2 天**
份量：**3 個**

多年前經過百貨專櫃櫥窗，被這款造型可愛的巧克力鮮奶油蛋糕吸引了，試做後的成品照分享在部落格受到網友 Grace 的喜愛。沒想到這位好友心願一直深深記憶著，於是決定繼續分享在這本書中。

材料 Ingredients

· 蛋黃糊 ·

蛋黃	55g
三溫糖	30g
玫瑰鹽	0.5g
食用油	40g
清水	30g
低筋麵粉	60g
無糖可可粉	15g

· 蛋白霜 ·

蛋白	120g
上白糖	45g

· 鮮奶油霜A ·

動物性鮮奶油	300g
上白糖	25g

· 調色 ·

無糖可可粉	1～2g

· 鮮奶油霜B ·

黑巧克力（70%調溫）	60g
動物性鮮奶油	120g
上白糖	10g

· 裝飾 ·

食用巧克力筆	1支
黑巧克力（非調溫）	60g
鈕釦型黑巧克力（眼睛、鼻子）	6粒
鈕釦型白巧克力（眼白）	4粒

製作前準備

· 準備4吋蛋糕模3個、直徑5cm空心模1個。
· 準備1張塑膠桌墊，裁成18×14cm長方形。
· 蛋黃、蛋白放於室溫回溫。
· 烤箱以175℃預熱。

· 蛋黃糊 ·

1 蛋黃打散，加入三溫糖、玫瑰鹽拌勻。

2 慢慢加入食用油拌勻。

3 用打蛋器拌勻，攪拌至乳化效果。

4 再加入清水拌勻。

5 接著加入過篩的低筋麵粉、無糖可可粉。

6 攪拌方式採邊轉盆邊用打蛋器拌勻。 *蛋黃糊材料只需要以打蛋器拌勻即可。

· 蛋白霜 ·

7 用橡皮刮刀將盆邊材料集合至盆中。

8 準備打發蛋白霜，將蛋白放入材料盆中。 *裝盛蛋白的器具必須無水無油，才能避免影響打發程度。

9 攪拌器攪打至看不見蛋白液且粗泡泡產生，再分3次加入過篩的上白糖。

10 第1次加入上白糖，繼續打發。

11 攪打至蛋白霜出現微微的紋路。

12 第2次加入上白糖，繼續打發。

13 攪打至蛋白霜紋路已經非常明顯。

14 第3次加入上白糖，繼續攪打。　＊攪打時保持一樣的速度和力道，可穩定蛋白霜質地。

15 攪打完成的蛋白霜是硬挺的掛在打蛋器上。

· 混合蛋黃蛋白糊 ·

16 倒扣蛋白霜盆也不會滑落，即硬性發泡。　＊蛋白霜攪打程度將影響蛋糕體膨脹效果，請注意硬性發泡的狀態。

17 先取1/3量的蛋白霜加入蛋黃糊盆中，拌勻。

18 翻拌時手法輕盈，用力會讓蛋白霜消泡。

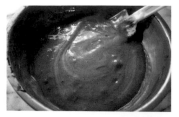

19 剩餘2/3量的蛋白霜加入蛋黃糊，以同樣方式拌勻。　＊拌合蛋白霜與蛋黃糊時，邊轉動盆邊，並由下往上輕輕翻拌均勻。

· 烘烤 ·

20 麵糊平均裝入蛋糕模中，放入烤箱烘烤18～20分鐘。

21 用探針插入後不沾黏任何麵糊，表示烤熟。

22 戴上隔熱手套，拿起整盤蛋糕模在桌面敲擊一下，釋放水氣。

23 倒扣在涼架上待冷卻。

· 製作空心圓片 ·

24 直徑5cm空心模放在18×14cm塑膠墊上。

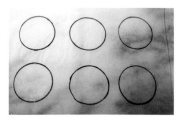

25 食用巧克力筆畫出6個圓形輪廓。

26 美工刀切割出6個圓心後，放在鋪烘焙紙的長盤。

· 巧克力圓片 ·

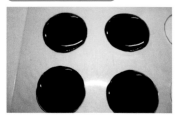

27 非調溫黑巧克力融化後倒入圓心，冷藏變硬後做熊耳朵。

· 鮮奶油霜A ·

28 動物性鮮奶油和上白糖隔冰水盆打發。

＊鮮奶油霜打發過程，必須隔冰水盆。

29 以攪拌器中高速攪打至7～8分發，具些微流動狀態即可。

30 冷卻的蛋糕體從蛋糕側邊，平行橫切成3等份。 ＊詳細分割蛋糕方法見P.148。

31 取適量鮮奶油霜抹在第1片蛋糕表面。

32 蓋上第2片蛋糕片，抹上適量鮮奶油霜。

33 蓋上第3片蛋糕片。

34 鮮奶油霜抹勻整個蛋糕側邊和表面。

35 以同樣方式完成2個蛋糕鮮奶油霜裝飾後，放入冰箱冷藏備用。 ＊蛋糕體抹上鮮奶油霜後，於擠花前可以先冷藏一下，讓後續擠花步驟較順利。

36 剩餘鮮奶油霜稍微攪拌，讓質地一致。

＊裝飾過程中，若感到鮮奶油霜變軟可以再次攪拌，全程需要隔冰水操作。

· 鮮奶油霜A調色 ·

37 取60g鮮奶油霜冷藏備
用，做為鼻子裝飾。

38 無糖可可粉過篩後，
分次加入作法36的鮮
奶油霜。 *棕色熊的鮮奶油霜
以可可粉調色時，分次逐量慢
慢添加，以免調色過重。

39 攪拌至理想的棕色。

· 裝飾棕色熊 ·

40 棕色鮮奶油霜再裝入套
上12齒花嘴（SN7113）
的擠花袋，擠在蛋糕體上。

41 擠製口訣：輕擠提拉、
力道相同，即可完成美
麗的擠花裝飾。 *擠花前可
將糕體放於喜歡的盤子上，減少
蛋糕體因移動而造成外型破壞。

42 預留的60g鮮奶油霜攪
拌均勻後，擠在臉部
圓心1/4位置。

· 鮮奶油霜B ·

43 冷藏的巧克力圓片插
入臉部上方兩側，並
放上眼睛、鼻子的巧克力。
*冷藏的巧克力圓片當耳朵，
插入10點與2點鐘位置。

44 鮮奶油霜B的黑巧克力
融化備用。

45 鮮奶油和過篩的上白
糖打發至8～9分發，
不具流動性狀態。

46 取60g鮮奶油霜加入融化黑巧克力中。

47 兩種材料比重不同，先拌部分鮮奶油霜可以協調比重。

48 再倒回剩餘的鮮奶油霜，輕輕翻拌均勻。

· 裝飾黑熊 ·

49 以同樣方式完成黑熊，擠上咖啡色奶油，裝飾耳朵、眼睛、鼻子。　＊製作鮮奶油造型蛋糕，過程中若溫度太高，可冷藏片刻再繼續裝飾。

50 白巧克力黏於黑眼睛上當作眼白。

51 眼白位置不同，表情也會有些微差異，放上髮飾做為女生。

Q1　鮮奶油霜的調色技巧？

黑熊以巧克力鮮奶油霜裝飾較佳，若只加可可粉，則需要較多的可可粉達到深色效果，也相對容易讓鮮奶油霜消泡。

多彩馬卡龍蛋糕捲

Macaron Design Roll Cake

保存：冷藏 2 ～ 3 天
份量：1 捲

彩繪蛋糕捲風迷亞洲國家地區許久，維妙維肖的圖案彩繪在蛋糕上，或繽紛或寫真，視覺上美不勝收的感受，讓吃蛋糕甜點這件事提升至另一個更高的層次。馬可龍是法式甜點界的佼佼者，彩繪在蛋糕捲上來一場東方與西方的完美結合。

材料 Ingredients

· 蛋黃糊 ·

蛋黃	60g
上白糖	18g
玫瑰鹽	1g
食用油	35g
鮮奶	35g
低筋麵粉	60g

· 蛋白霜 ·

蛋白	120g
上白糖	60g

· 白巧克力甘納許 ·

動物性鮮奶油	100g
白巧克力（非調溫）	50g

· 彩繪麵糊 ·

無鹽發酵奶油	25g
食用油	2g
純糖粉	18g
蛋白	15g
低筋麵粉	25g

· 食用色膏 ·

黑色	適量
白色	適量
紫色	適量
綠色	適量

製作前準備

- 長度18cm半圓形模1個，鋪上烘焙紙。
- 方形烤盤1個，尺寸25×25cm，鋪上烘焙紙。
- 直徑4.8cm圓形壓模1個。
- 蛋黃、蛋白放於室溫回溫。
- 烤箱以190℃預熱。

作法 Step by Step

· 白巧克力甘納許 ·

1 動物性鮮奶油裝入厚底鍋，小火加熱至微沸騰。

2 沖入白巧克力中，攪拌均勻。

3 隔冰水盆幫助降溫，溫度下降至有些濃稠度即可。

4 蓋上保鮮膜，冷藏至隔天使用。 ＊蛋糕捲起的前一天，可先製作白巧克力甘納許備用。

5 準備彩繪圖案的材料。

6 無鹽發酵奶油及食用油放入容器，以隔水加熱方式融化。

7 熄火後加入過篩的純糖粉，攪拌均勻。

8 分次加入蛋白拌勻。

9 再加入過篩的低筋麵粉，拌勻。

10 橡皮刮刀刮盆，將材料集中拌勻。

11 將彩繪麵糊分成4等份。

12 黑色色膏加入麵糊，拌勻。 ＊食用色膏調色時，以少量慢慢加到理想的顏色為宜。

Q1 巧克力甘納許的特色？

巧克力甘納許是由巧克力與動物性鮮奶油的混合而成，增加口感及風味。巧克力的添加比例可以為動物性鮮奶油的30～100％，比例愈高則濃稠度愈濃。

13 另外3種顏色色膏分別和麵糊調色後裝入三明治袋，袋口綁緊。　＊每次取色膏前必須將調色工具清潔乾淨，保持色膏品質。

14 彩繪圖案墊在烘焙紙下，鋪於烤盤內。　＊可提早準備喜歡的彩繪圖案及配色規劃。

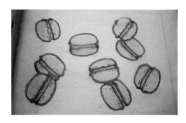

15 黑色彩繪麵糊描邊。

16 白色彩繪麵糊在每個馬卡龍圖案中稍微輕點，裝飾出立體感。

17 白色彩繪麵糊輕點在夾餡區域。　＊彩繪麵糊填入圖案中約0.2cm厚度，太薄容易沾在烘焙紙上，不易附著於蛋糕體。

18 剩餘2種顏色分別輕輕填入每個馬卡龍造型中，完成後冷藏備用。　＊彩繪麵糊完成後，若未立刻填入蛋糕麵糊烘烤，可包覆保鮮膜放在冰箱冷藏。

 ・ 蛋黃糊 ・

19 打蛋器將蛋黃打散，加入上白糖、玫瑰鹽拌勻。

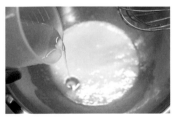

20 慢慢加入食用油，攪拌至產生乳化效果。

21 再倒入鮮奶拌勻。

Q2　油脂與蛋黃攪拌會產生什麼？

油脂與蛋黃混合攪拌時，因彼此摩擦而產生乳化效果，可讓蛋糕的麵糊結構中原本不相容的水和油脂能夠均勻混合，使麵糊變得更柔順，也影響蛋糕成品的口感。

22 接著加入過篩的低筋麵粉，拌勻。

23 用橡皮刮刀將盆邊材料集合至盆中。

24 用電動攪拌器中速攪打蛋白，至看不見蛋白液且粗泡泡產生。

25 分3次加入過篩的上白糖。 ＊裝盛蛋白的器具必須無水無油，才能避免打發效果不佳。

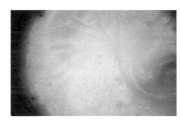

26 第1次加入上白糖，攪打至蛋白霜出現微微的紋路。

27 第2次加入上白糖，攪打至蛋白霜紋路已經非常明顯。

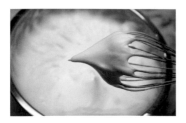

28 第3次加入上白糖，攪打完成的蛋白霜是硬挺的掛在打蛋器上。 ＊攪打時保持一樣的速度和力道，可穩定蛋白霜質地。

29 倒扣蛋白霜盆也不會滑落，即硬性發泡。 ＊蛋白霜攪打程度將影響蛋糕體膨脹效果，請多注意硬性發泡的狀態。

30 先取1/3量的蛋白霜加入蛋黃糊盆中，拌勻。 ＊翻拌時手法輕盈，用力會讓蛋白霜消泡。

31 剩餘2/3量的蛋白霜加入蛋黃糊中。

32 邊轉動盆邊攪拌，用橡皮刮刀由下往上輕輕翻拌均勻。

· 烘烤 ·

33 取出冰鎮的彩繪麵糊，排入方形烤盤。 ＊彩繪圖案區域為18×14cm貼放在烤盤，配合半圓形模具尺寸。

34 蛋糕麵糊倒入方形烤盤中，用橡皮刮板抹平。

35 拿起烤盤朝桌上敲一下震出空氣。

36 用190℃預熱，烘烤時調成180℃，再放入麵糊烘烤15分鐘至熟，取出後將烤盤朝桌上震出水氣。 ＊烘烤12分鐘後，降溫至175℃完成烘烤。

37 烘焙紙蓋在蛋糕上，將涼架反蓋。

38 翻轉後將烤盤取下。

39 慢慢撕開原本在烤盤下的烘焙紙，待蛋糕冷卻。

40 拿出鋪上烘焙紙的半圓形模。

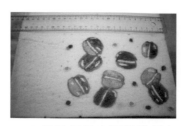

41 工具尺量出蛋糕體長度18cm。

42 另外量出蛋糕體寬度14cm。

43 用刀具慢慢切下所需要的蛋糕長寬。

44 小心移開需要的蛋糕片，剩餘仍需留著。

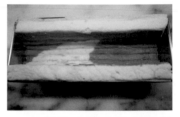

45 彩繪蛋糕面朝下鋪於半圓形模中。

46 將直徑4.8cm的圓模放於蛋糕片，壓出2片半圓形。

47 半圓形蛋糕片置入模型內部兩側。

48 完成蛋糕體圍邊。

49 冷藏至隔天的白巧克
力甘納許攪打至8～9
分發。

50 白巧克力甘納許平均
填入蛋糕凹槽。

51 邊緣上也抹上白巧克力
甘納許。

52 剩餘蛋糕體裁切成
18×7cm長片，蓋上。

53 用橡皮刮板放在蛋糕
上，輕壓幫助固定。

54 包覆保鮮膜後放入冰
箱，冷藏約3小時待內
餡凝固。

 →

55 脫模時撕除保鮮膜，
模型倒扣即可。

56 撕開原本鋪在半圓形
模的烘焙紙。

香草巧克力旺旺狗 ✨

Vanilla Chocolate Chiffon Cakes

保存：冷藏 3 天
份量：2 個

戚風蛋糕的輕柔口感深獲大眾的喜愛，製作上也相當容易，清洗善後更
是輕鬆如意。同時完成原味、巧克力口味，透過簡單的造型後變成可愛
受歡迎的狗狗，這絕對是媽媽替小朋友建立好人緣最佳的選項。

材料 Ingredients

・香草蛋黃糊・

蛋黃	35g	食用油	20g
上白糖	20g	清水	23g
玫瑰鹽	0.5g	低筋麵粉	40g
香草豆莢醬	1g		

· 巧克力蛋黃糊 ·

蛋黃	35g
上白糖	20g
玫瑰鹽	0.5g
香草豆莢醬	1g
食用油	20g
清水	23g
低筋麵粉	35g
無糖可可粉	5g

· 蛋白霜 ·

蛋白	145g
上白糖	30g

· 裝飾 ·

黑巧克力（融化使用）	30g
白巧克力（融化使用）	10g
黑巧克力（臉部裝飾）	8小片
草莓巧克力（鼻子）	1小片

製作前準備

· 準備6吋活動底愛心模2個。
· 蛋黃、蛋白放於室溫回溫。
· 烤箱以175℃預熱。

作法 Step by Step

· 香草蛋黃糊 ·

1 蛋黃打散，加入上白糖、玫瑰鹽和香草豆莢醬拌勻。

2 慢慢加入食用油，攪拌至產生乳化效果。

3 再加入清水拌勻。

4 接著加入過篩的低筋麵粉，拌勻。 ＊攪拌方式採邊轉盆邊用打蛋器拌勻。

5 用橡皮刮刀將盆邊材料集合至盆中。

· 巧克力蛋黃糊 ·

6 以同樣的方式攪拌均勻，可可粉和低筋麵粉同時加入即可。

7 用電動攪拌器中速攪打蛋白，至看不見蛋白液且粗泡泡產生。

8 分3次加入過篩的上白糖。 ＊裝盛蛋白的器具必須無水無油，才能避免打發效果不佳。

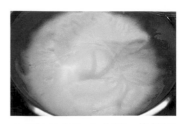

9 第1次加入上白糖，攪打至蛋白霜出現微微的紋路。

10 第2次加入上白糖，攪打至蛋白霜紋路已經非常明顯。

11 第3次加入上白糖，攪打完成的蛋白霜是硬挺的掛在打蛋器上。 ＊攪打時保持一樣的速度和力道，可穩定蛋白霜質地。

12 倒扣蛋白霜盆也不會滑落，即硬性發泡。 ＊蛋白霜攪打程度影響蛋糕體膨脹效果，注意硬性發泡的狀態。

· 混合蛋黃蛋白糊 ·

13 蛋白霜分成2份，各別拌入香草蛋黃糊、巧克力蛋黃糊。

14 蛋糕麵糊分別裝入愛心模中，在桌面輕敲震出空氣。

15 利用竹筷子輕輕攪動麵糊，釋放大氣泡。

· 烘烤 ·

16 放入烤箱，烘烤22～25分鐘。 ＊烘烤前20分鐘不開烤箱門，防止冷空氣進入而影響蛋糕膨脹程度。

17 用探針測試蛋糕烤烤完成，可看到探針插入不沾黏且糕體邊緣離模。

18 戴上隔熱手套拿起愛心模朝桌上敲一下，釋放水氣。

19 倒扣於涼架或立體式架子，待完全冷卻。

20 將愛心模底盤往上頂，再輕輕撥開側邊糕體與底盤分離即脫模。

21 輕鬆完整的脫模成功。

22 巧克力蛋糕的脫模方式相同。

23 巧克力蛋糕分切成2等份，做為耳朵。

24 耳朵的巧克力蛋糕內側塗上融化黑巧克力。

*塗抹融化巧克力可以稍厚些且抹均勻，立即貼放在原色蛋糕體側邊固定。

· 組合裝飾 ·

25 原色香草蛋糕尖角向上，半片巧克力蛋糕尖角黏貼於兩側成為耳朵。

26 用黑巧克力裝飾眼睛及鬍渣，草莓巧克力裝飾鼻子，融化的白巧克力點上眼珠。

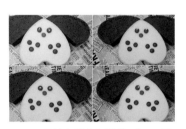

27 可以發揮想像力，點出不同眼珠位置方向及樣式。

炎夏最愛吃西瓜 ✨
Strawberry Matcha Chiffon Cake

造型蛋糕有趣之處可以假亂真，口味上又能夠創造另一種與視覺衝突的新感受。西瓜的清涼甜美口感經過戚風蛋糕造型後，紅色瓜肉以草莓口味、綠色西瓜皮則以抹茶口味、白色瓜肉則以馬斯卡彭鮮奶油呈現，冰鎮後的這道西瓜蛋糕，好吃程度不輸真西瓜。

保存：冷藏 3 天
份量：1 個

材料 Ingredients

·草莓蛋黃糊·

蛋黃	58g
上白糖	19g
玫瑰鹽	0.5g
草莓濃縮液	10g
食用油	30g
鮮奶	38g
低筋麵粉	48g
紅麴色粉	2g
草莓色粉	6g

·蛋白霜A·

蛋白	105g
上白糖	35g

·西瓜皮綠色線條·

無鹽發酵奶油	12g
純糖粉	8g
蛋白	12g
低筋麵粉	8g
抹茶粉	1g

·抹茶蛋黃糊·

蛋黃	60g
上白糖	20g
玫瑰鹽	0.5g
抹茶粉	2.5g
無鹽發酵奶油	20g

·蛋白霜B·

蛋白	96g
上白糖	48g
低筋麵粉	36g

·馬斯卡彭鮮奶油霜·

動物性鮮奶油	200g
馬斯卡彭起司	80g
上白糖	20g

·西瓜籽裝飾·

黑巧克力（非調溫）	210g

製作前準備

· 準備6吋活動底蛋糕模1個。
· 長方形烤盤1個，尺寸28×24.5×3cm，鋪上烘焙紙。
· 蛋黃、蛋白放於室溫回溫。
· 烤箱以160℃→190℃預熱。

作法 Step by Step

·草莓蛋黃糊·

1 蛋黃打散，加入上白糖、玫瑰鹽拌勻。 ＊糖和鹽放入蛋黃盆，必須立刻拌勻，避免蛋黃因糖加入後閒置太久而結顆粒。

2 加入草莓濃縮液拌勻。 ＊草莓濃縮液可增加風味香氣，烘焙店有售。

3 慢慢加入食用油，攪拌至產生乳化效果。

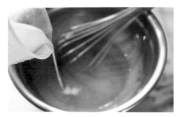
4 再加入鮮奶繼續拌勻。

5 接著加入過篩的低筋麵粉、紅麴色粉和草莓色粉,拌勻。 ＊天然草莓粉經過烘烤後成品顏色會比較暗,以紅麴色粉幫助增豔。

6 用橡皮刮刀將盆邊材料集合至盆中。

· 蛋白霜A ·

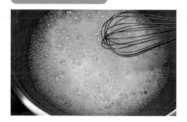
7 用電動攪拌器中速攪打蛋白,至看不見蛋白液且粗泡泡產生。 ＊裝盛蛋白的器具必須無水無油,才能避免打發效果不佳。

8 分3次加入過篩的上白糖,攪打至蛋白霜是硬挺的掛在打蛋器上。 ＊攪打時保持一樣的速度和力道,可穩定蛋白霜質地。

9 倒扣蛋白霜盆也不會滑落,即硬性發泡。 ＊詳細蛋白霜打發步驟見P.178。

· 混合蛋白霜A ·

10 取1/3量打發蛋白霜拌入草莓蛋黃糊盆中,攪拌均勻。

11 接著將麵糊倒回原本蛋白霜盆。

12 用橡皮刮刀以由下往上邊拌邊轉盆的方式攪拌均勻。

Q1 　戚風蛋糕烤好後倒扣的原因?

低溫烘烤戚風蛋糕用意是避免過度上色,烘烤後內部組織比較濕潤,烤好後立即倒扣在涼架上冷卻,可讓糕體散熱並維持蓬鬆質地,若使用蛋糕立體架較容易掉落,請多留意。

·烘烤·

13 草莓麵糊倒入活底蛋糕模，在桌面敲一下震出空氣。

14 以160℃烘烤15分鐘後，降溫至150℃繼續烘烤30～35分鐘。 ＊避免蛋糕過度上色，烘烤草莓蛋糕的溫度以中火、時間加長為宜。

15 取出蛋糕後震出空氣，倒扣於涼架等待1分鐘即可脫模。

16 脫模後放置涼架待完全冷卻。

·西瓜皮綠色線條·

17 所有材料混合拌勻成綠色麵糊，裝入擠花袋。

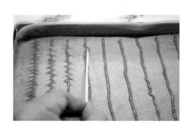

18 以長邊為主間隔2.5cm拉出直線條，用竹籤在直線條麵糊上左右來回拉出斜線。

19 完成西瓜皮上的紋路，放入冷凍庫備用。

·抹茶蛋黃糊·

20 蛋黃和上白糖、玫瑰鹽拌勻，以小火加熱攪拌使乳化產生。 ＊乳化狀態可幫助抹茶粉拌勻的效果。同時能避免抹茶粉造成消泡的問題。

21 接著趁熱加入過篩的抹茶粉，拌勻後離火。

22 蛋白霜打至硬性發泡，參考蛋白霜A製作。

23 取1/3量打發蛋白霜拌入抹茶蛋黃糊盆中，攪拌均勻。

24 剩餘的蛋白霜拌入原本蛋白霜，同時篩入低筋麵粉，拌勻成綠色麵糊。 ＊用橡皮刮刀以由下往上邊拌邊轉盆的方式拌勻。

25 無鹽發酵奶油加熱融化約40℃，加入1/3量綠色麵糊拌勻。

26 再倒回原本麵糊盆中拌勻。

27 取出冷凍變硬的西瓜皮綠色線條。

28 綠色麵糊倒入長方形烤盤後抹平，輕敲震出空氣，以190℃烘烤12～15分鐘。

29 取出蛋糕後將烘焙紙脫離烤盤，放在涼架上冷卻3分鐘。

30 底部墊上另一張烘焙紙，將蛋糕翻轉至正面。 ＊翻轉方式見「多彩馬卡龍蛋糕捲」P.189。

31 輕輕撕開底部烘焙紙，待冷卻後再進行裝飾。

32 所有材料放入容器，隔著冰水盆用攪拌器中速攪打至紋路明顯流動性弱的8分發。 ＊操作方式見「蘋果奇想蛋糕」P.148。

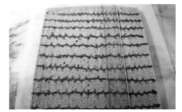

33 西瓜皮綠色線條以5cm寬度裁切成長條蛋糕片，大約2片。 ＊切割綠色西瓜皮蛋糕時，必須留意紋路的走向。

34 馬斯卡彭鮮奶油霜均勻塗抹在草莓戚風蛋糕邊緣。

35 利用抹刀修正補齊空缺處。

36 綠色西瓜皮蛋糕順著鮮奶油霜貼放固定。 ＊西瓜皮蛋糕片大約需2片多一點，足夠裁切貼合蛋糕體。

37 完成後可先冷凍片刻後待裝飾西瓜籽。

38 黑巧克力微波融化後，裝入擠花袋。 ＊巧克力融化方法見P.016。

39 擠花袋剪個小口，在蛋糕上方擠出西瓜籽。

40 由於冷凍過，西瓜籽在蛋糕體上很快就固定住。

刺蝟蛋糕遨遊海灘
Hedgehogs in the Beach

保存：冷藏 2 ～ 3 天
份量：8 隻

烘焙迷人之處有千百個說不完的好，自我成就感之外，讓自己也變成了百寶箱，樣樣把戲都能變出來。雞蛋殼當成模型來烘烤蛋糕，是再利用的最佳示範，原味雞蛋糕的概念加上鹹香的魚鬆做成刺身，鹹甜皆具的刺蝟造型，栩栩如生，真的很療癒！

材料 Ingredients

· 蛋黃糊 ·

蛋黃	38g
上白糖	12g
玫瑰鹽	0.5g
香草豆莢醬	0.5g
食用油	20g
鮮奶	35g
低筋麵粉	55g

· 蛋白霜 ·

蛋白	55g
上白糖	25g

· 食用色膏 ·

棕色	適量
黑色	適量
紅色	適量

· 裝飾 ·

魚鬆	40～50g
白巧克力（非調溫）	20g
翻糖	20g

製作前準備
・ 雞蛋殼8個，洗淨並風乾備用。
・ 硬質吸管粗（直徑1.2cm）、細
　（直徑0.9cm）各1支。
・ 蛋黃、蛋白放於室溫回溫。
・ 烤箱以150℃預熱。

作法 Step by Step

· 蛋黃糊 ·

1 蛋黃以打蛋器打散。

2 加入上白糖、玫瑰鹽和
香草豆莢醬攪拌均勻。

3 慢慢加入食用油，攪拌至
產生乳化效果。

4 再加入鮮奶繼續拌勻。

5 接著加入過篩的低筋麵
粉，拌勻。 ＊採邊轉盆邊
以打蛋器拌勻，最後用橡皮刮
刀將盆邊材料集合至盆中。

· 蛋白霜 ·

6 用電動攪拌器中速攪打蛋
白，至看不見蛋白液且粗
泡泡產生。 ＊裝盛蛋白的器
具必須無水無油，才能避免打
發效果不佳。

7 分3次加入過篩的上白
糖，攪打至蛋白霜是硬
挺的掛在打蛋器上。 ＊攪打
時保持一樣的速度和力道，可
穩定蛋白霜質地。

8 倒扣蛋白霜盆也不會滑
落，即硬性發泡。 ＊詳
細蛋白霜打發步驟見P.178。

· 混合蛋黃蛋白糊 ·

9 取1/3量打發蛋白霜拌入
蛋黃糊盆中，攪拌均勻。

10 接著將剩餘蛋白霜和蛋黃糊混合。

11 用橡皮刮刀以由下往上邊拌邊轉盆的方式,翻拌均勻。

12 取30g蛋糕麵糊和棕色色膏拌勻,裝入擠花袋後袋口綁緊。

13 剩餘原色麵糊也裝入擠花袋,袋口打結固定。

14 在蛋殼橫向中間位置畫出半圓形,做為鵝卵石造型使用。 ＊蛋殼內部薄膜一定要取出並洗乾淨,避免影響成品完整性。

15 蛋殼缺口朝內,半圓記號向下可見。

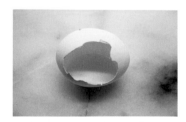

16 原色麵糊擠入蛋殼內,覆蓋半圓形記號,依序完成其他2個蛋殼。

17 棕色麵糊平均擠入原色半圓麵糊內。

18 原色麵糊平均擠入5個直向蛋殼中8～9分滿。

19 蛋殼底部墊小烤皿，側邊可塞入少許錫箔紙防止晃動。

20 剩餘原色麵糊裝入直徑約7cm的紙模中。

21 裝麵糊的蛋殼放入烤盤，放入烤箱以150℃烘烤15分鐘。

22 降溫至140℃繼續烘烤15分鐘，取出蛋糕待完全冷卻。　＊蛋殼蛋糕脫模前，必須確保完全冷卻，以免脫模不易。

23 準備脫模，用抹刀輕敲蛋殼，讓蛋殼表面出現龜裂。

24 慢慢將蛋殼取下。
　＊蛋殼敲到哪裡剝到哪裡，可避免一時力道過頭，蛋殼及蛋糕一起掀起。

25 完整剝完蛋殼。

26 蛋糕底部多餘處可修剪掉，完整的部位當身體，放在蛋糕紙模內。

27 從2個紙模取出蛋糕片，用粗細吸管準備壓出大小圓。

28 直徑1.2cm吸管壓出的做耳朵及腳，直徑0.9cm吸管壓出的做鼻子。

29 魚鬆做刺身裝飾，鋪在頭部及身體兩側。

30 竹筷子輕輕夾適量魚鬆，放於蛋糕造成蓬鬆度，更為生動。

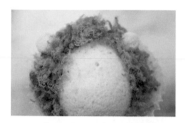

31 大圓徑蛋糕片修剪厚度，鋪在頭部兩側耳朵位置。

32 小圓徑蛋糕片修剪厚度，點上融化白巧克力後放在鼻子位置。

33 大圓徑蛋糕片橫向剪開一分為二，點上融化白巧克力後，放在腳部位置固定。

34 翻糖調黑色色膏，揉勻後做為眼睛及鼻子裝飾。＊翻糖作法見P.085。

35 取適量大小搓圓，沾融化白巧克力後放在眼睛及鼻子位置。

36 翻糖調紅色色膏做為腮紅，搓小圓後稍微壓扁，沾融化白巧克力黏好固定。

37 用竹筷沾極少的融化白巧克力點在眼睛上裝飾。

胖熊森林享樂 ✦

Happy Bear in the Trunk

保存：冷藏 3 天
份量：1 個

烘焙的樂趣在於將平實無奇的簡單食材搖身變成令人驚豔的美味及
造型。戚風蛋糕的基本材料不外乎是雞蛋、糖、少許的鹽、麵粉、
濕性材料及帶來濕潤度的少量油脂，這些垂手可得的基本元素，可
以小兵立大功，讓我們一起來看看胖熊如何在森林享樂吧！

下一頁

材料 Ingredients

· 蛋黃糊 ·

蛋黃	60g
上白糖	35g
玫瑰鹽	1g
香草豆莢醬	1g
食用油	35g
清水	40g
低筋麵粉	60g
玉米粉	20g
抹茶粉	3g

· 蛋白霜 ·

蛋白	140g
上白糖	30g

· 裝飾 ·

食用蜜桃色色膏	適量
白巧克力（非調溫）	20g
防潮抹茶粉	適量

製作前準備

· 準備6吋活底中空戚風蛋糕模1個。
· 直徑6cm、4cm半圓模矽膠模各1組
  （SN6042直徑半圓形模、SF004的8
  連矽膠模）。
· 蛋黃、蛋白放於室溫回溫。
· 烤箱以160℃預熱。

作法 Step by Step

· 蛋黃糊 ·

1 蛋黃打散，加入上白糖、玫瑰鹽和香草豆莢醬，以打蛋器拌勻。

2 慢慢加入食用油，攪拌至產生乳化效果。

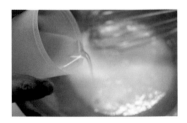

3 再加入清水拌勻。

4 接著加入過篩的低筋麵粉、玉米粉，拌勻。

5 用橡皮刮刀將盆邊材料集合至盆中，完成的的蛋黃糊分成2等份做為香草、抹茶口味。

· 蛋白霜 ·

6 用電動攪拌器中速攪打蛋白，至看不見蛋白液且粗泡泡產生。 ＊裝盛蛋白的器具必須無水無油，才能避免打發效果不佳。

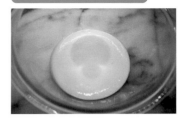

7 分3次加入過篩的上白糖，攪打至蛋白霜是硬挺的掛在打蛋器上。 ＊攪打時保持一樣的速度和力道，可穩定蛋白霜質地。

8 倒扣蛋白霜盆也不會滑落，即硬性發泡，蛋白霜亦分成2等份。 ＊詳細蛋白霜打發步驟見P.178。

9 這是原味香草蛋黃糊。

10 分成2等份的蛋白霜，其中1份先取1/3量拌入香草蛋黃糊中。

11 剩餘的2/3量同樣拌入香草蛋黃糊中。

12 用橡皮刮刀以由下往上邊拌邊轉盆的方式，攪拌均勻完成香草蛋糕糊。

· 麵糊調色 ·

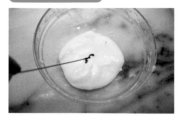

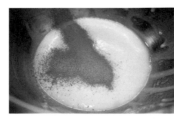

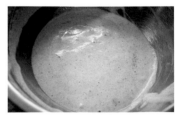

13 取20g香草蛋糕糊和蜜桃色色膏拌勻，裝入擠花袋並袋口綁緊。

14 剩餘的蛋黃糊和過篩的抹茶粉混合。

15 拌勻即為抹茶麵糊。

16 抹茶麵糊、香草麵糊、蜜桃色麵糊都準備好。
＊操作雙色蛋糕，需要的器具和麵糊先備妥，可避免手忙腳亂。

17 香草麵糊裝入擠花袋，擠入半圓形矽膠模，1個直徑6cm、4個直徑4cm，蜜桃色麵糊擠入2個直徑4cm。

18 裝入矽膠模麵糊放入烤箱，以160℃烘烤約20分鐘，取出待冷卻後脫模。

19 抹茶麵糊慢慢擠入蛋糕模1/5高度，並輕敲出大空氣。 ＊麵糊裝入擠花袋再擠入蛋糕模，避免麵糊直接倒入的力道過度而造成混色。

20 剩餘的香草麵糊接著慢慢擠入蛋糕模，以探針畫圈平整，不再敲模型。 ＊香草麵糊後加入不再敲模具的原因，避免麵糊下沉蓋過抹茶蛋糕糊。

21 以160℃烘烤15分鐘，降溫至150℃繼續烘烤15分鐘，再降溫至140℃烘烤3分鐘。 ＊可用探針插入蛋糕體，若不沾黏、糕體邊緣離模，表示烘烤完成。

22 蛋糕朝桌子輕敲震出空氣後，立即倒扣冷卻。

23 以指腹從模型內側邊緣輕輕剝開冷卻的蛋糕一整圈。

24 指腹輕輕從蛋糕模底部向上推至頂，離開模具外框。

Q1 矽膠模蛋糕烘烤完成後的倒扣？

中溫火候烘烤後的矽膠模蛋糕片表面可能會有些沾黏，可倒扣在乾淨的桌面後輕輕拿起，沾黏處被黏在桌面上清除即可。

25 蛋糕側拿輕輕的剝開底部蛋糕，分離底盤。

26 底盤倒扣蛋糕，輕鬆離開中心煙囪模型。

27 蛋糕放在紙托盤上等待裝飾。

· 組合裝飾 ·

28 大片香草蛋糕做屁股、小片做腳掌、蜜桃色做指球。

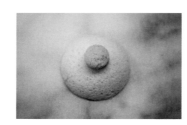

29 用直徑1.2cm圓形模壓出蜜桃色蛋糕片，做熊尾巴。

30 準備底寬上窄的平口花嘴，用直徑2.5cm那端壓出腳掌。

31 另一邊直徑0.9cm壓出指球。

32 融化白巧克力貼黏指球於腳掌。

33 腳掌內側沾上融化白巧克力黏於屁股上。

34 防潮抹茶粉鋪在蛋糕中心處裝飾。

35 胖熊放在蛋糕體中心位置即完成。

零失敗 超可愛造型甜點

4種餅乾麵團 4種基礎糕體

輕鬆學會動物、花朵、節慶婚禮小物等造型，一整年嘗到療癒好滋味！

書　　　名	零失敗超可愛造型甜點 4 種餅乾麵團 ×4 種基礎糕體，輕鬆學會動物、花朵、節慶婚禮小物等造型，一整年嘗到療癒好滋味！
作　　　者	宋淑娟（Jane）
主　　　編	葉菁燕
封面設計	張曉珍
內頁美編	鄧宜琨

發 行 人	程安琪
總 編 輯	盧美娜
發 行 部	侯莉莉、陳美齡
財 務 部	許麗娟
行 銷 部	伍文海、陳婷婷
印　　務	許丁財
法律顧問	樸泰國際法律事務所許家華律師

藝文空間	三友藝文複合空間
地　　址	106 台北市大安區安和路二段 213 號 9 樓
電　　話	（02）2377-1163

出 版 者	橘子文化事業有限公司
總 代 理	三友圖書有限公司
地　　址	106 台北市安和路 2 段 213 號 4 樓
電　　話	（02）2377-4155
傳　　真	（02）2377-4355
E-mail	service@sanyau.com.tw
郵政劃撥	05844889 三友圖書有限公司

總 經 銷	大和書報圖書股份有限公司
地　　址	新北市新莊區五工五路 2 號
電　　話	（02）8990-2588
傳　　真	（02）2299-7900

初　　版　2021 年 10 月

定　　價　新臺幣 548 元
I S B N　978-986-364-183-4（平裝）

國家圖書館出版品預行編目(CIP)資料

零失敗超可愛造型甜點：4種餅乾麵團×4種基礎糕
體，輕鬆學會動物、花朵、節慶婚禮小物等造型，一
整年嘗到療癒好滋味！ /宋淑娟(Jane)作. -- 初版. --
臺北市：橘子文化事業有限公司, 2021.10
　面；　公分

ISBN 978-986-364-183-4(平裝)

1.點心食譜

427.16　　　　　　　　　　　　　110015632

SANYAU
http://www.ju-zi.com.tw
三友圖書
友直 友諒 友多聞

三友官網

三友 Line@